自然观察笔记

首都绿化委员会办公室　主办

北京市野生动物救护中心　组编

中国农业出版社

北　京

图书在版编目（CIP）数据

自然观察笔记 / 北京市野生动物救护中心组编 . —
北京：中国农业出版社，2021.12
　　ISBN 978-7-109-28643-6

　　Ⅰ . ①自… Ⅱ . ①北… Ⅲ . ①野生动物－青少年读物
②野生植物－青少年读物 Ⅳ . ① Q95-49 ② Q94-49

　　中国版本图书馆 CIP 数据核字 (2021) 第 155736 号

中国农业出版社出版

地址：北京市朝阳区麦子店街 18 号楼
邮编：100125
责任编辑：郑　君　　版式设计：王　晨
封面设计：田　雨　　责任校对：吴丽婷
印刷：北京缤索印刷有限公司
版次：2021 年 12 月第 1 版
印次：2021 年 12 月北京第 1 次印刷
发行：新华书店北京发行所
开本：889mm×1194mm　1/16
印张：12.5
字数：220 千字

定价：　78.00 元

编委会

苏文龙　胡冀宁　王　涛　王　欢　张珊珊　王树标　冯　昊　华　晟
孙　莉　郝　培　李　静　王秀宇　赵海金　孙玉红　梁　莹　张季昳
高苏岚　闫若楠　王　磊　魏　谣

图片处理　张晓曦

参与机构　北京八达岭国家森林公园　北海公园　北京植物园　朝阳公园　北京动物园
北京教学植物园　南馆公园　北京市西山试验林场管理处　玉渊潭公园
红领巾公园　柳荫公园　北京国际鲜花港　北京麋鹿生态实验中心　黄垡苗圃
园林科学研究院　夏都公园　望和公园　北宫国家森林公园　陶然亭公园
通州大运河森林公园　北京树行途生态教育科技有限公司　将府公园
顺义区顺康源园艺驿站　顺义区鲜花港园艺驿站　顺义区裕龙五区园艺驿站
顺义区鲁能润园园艺驿站　顺义区香悦西区园艺驿站　大兴区格林云墅驿站
大兴区亦庄镇文体中心分馆驿站　玫瑰园驿站　蓟丘驿站　右安门驿站
承艺轩驿站　白广路驿站　天陶艺展　万寿驿站　月坛驿站　人定湖驿站
广外驿站　七彩驿站　白云驿站　将心汇　北京大兴区亦庄第四幼儿园
中国人民大学附属中学朝阳学校　北京师范大学奥林匹克花园实验小学
首都师范大学附属中学（通州校区）　人大附中亦庄新城学校　北京市通州
区第四中学（小学部）　北京市朝阳区实验小学老君堂分校　德闳学校
石景山水泥厂小学　兴隆小学　芳草地国际学校远洋小学　芳草地国际学校
丰台五小科丰校区　南彩第二小学　北京市东城区和平里第四小学
丰台区第二中学附属实验小学　昌平第二实验小学　首都师范大学附属顺义实验小学
北京中学　北京市昌平区马池口中心白浮小学　民大附中丰台实验学校
史家胡同小学　白家庄小学　人大附中北京经济技术开发区学校
顺义区西辛小学电大校区

序

看完这本书，我有片刻的沉默。有多久没有静静地漫步，不为别的，只为享受身边的自然；从什么时候起，我们忙忙碌碌，不再为一片叶一朵花停留？

太白曾云：夫天地者，万物之逆旅也；光阴者，百代之过客也。况阳春召我以烟景，大块假我以文章。会桃花之芳园，序天伦之乐事。

虽难回盛唐，亦能感受古人拥抱自然时的乐趣。

"双减"后，这些孩子无疑是幸福的，亦是幸运的，他们在生态老师的带领下，亲吻自然、观察自然、记录自然。

自然的美是不需要修饰的，就像孩子那纯真无邪的双眸。我打开这本书，眼前仿佛就是鸟的天堂、花的海洋、虫的世界、树的王国……这里记录的是孩子们参与生态体验活动时对话大自然的欣喜和激动；这里呈现的是本真的文字和干净的图画；还有故乡的一砖一瓦、一草一木，以及淳朴的底色和厚重的乡情。

著名作家王蒙说过这样一句话：没有亲近过泥土的童年不是完整的童年。我很赞同，我们是时候省思，人们作为大自然的一部分，却已丧失与大自然的联系，把自己封锁在钢筋水泥的城市、禁锢于大小不一的显示屏中。

我期待通过这本书，唤醒人们对自然的重视与热爱，让孩子去拥抱自然，去触摸"感时花溅泪、恨别鸟惊心"的悸动；去"仰观宇宙之大、俯察品类之盛"——自然就是生命，亲近自然就会热爱生命、理解生命、敬畏生命。

　　我相信，最终孩子的笔下会流淌出这样的文字："蓝天盖着大海，黑水托着孤舟。远看不见山，那水上只有云头。也看不见树，那水上只有海鸥。"

　　我相信，孩子们会在这本书里看到鲁迅的百草园、卢梭的胡桃林、牛顿的苹果树……

　　我相信这本书的另一层意义：兴趣引导。有天然的兴趣方能孜孜求知，以自身的实践融入思考，定会成就快乐而富有情怀的人生——因为我们都可以成为大自然的探索者和守护者、美的创造者。

　　让生态文明的理念渗透到每个家庭，在孩子心中播撒人与自然和谐共处的种子，兴趣促使乘风破浪，梦想化为砥砺前行，正是本书出版的意义。

孙　锐

清华艺科院现代美育研究中心主任

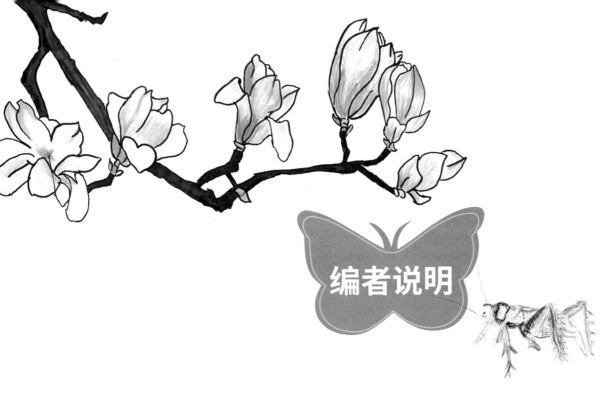

编者说明

2020 年是特殊的一年，我们经历了前所未有的由新型冠状病毒引起的肺炎疫情，疫情的无情让我们不得不重新思考人与自然的关系。

竺可桢先生的《大自然的语言》中，那大地复苏的春天、植物果实孕育的夏季、衰草连天的荒凉、风雪载途的酷寒、草木枯荣、候鸟去来的自然现象同气候变化的关系，无不都是大自然带给人类的一份美好的礼物，因为它有着种类丰富的植物、鸟类、昆虫、哺乳动物等，置身于自然中，观察自然的美，了解动植物的生存智慧、气象的千变万化、气候的周而复始，都会让人大开眼界、心情愉悦，因为它更是我们赖以生存的环境条件。

我们经常会遇到孩子们问："这是什么花？这是什么虫子呀？"带领孩子们走进绿色的自然，观察飞舞的蝴蝶、采蜜的蜜蜂、待哺的雏鸟，抑或看那一朵莲、一片叶，让他们把美好的时光在自然中度过，让他们面对陌生的动植物时充满更多的求知欲，当他们拿起手中的笔记录这些美好，唤醒的是内心的平和与宁静，培养的是他们与自然的亲密关系，而我们追随孩子们的视角也会发现很多有趣的东西，这是每个人放松的精神角落。

2020 年是"爱绿一起"首都市民生态体验活动开展的第四年，自然观察笔记作为首都市民生态体验活动的一项活动，引导和鼓励青少年儿童走进自然、利用多种感官去观察和体验，感受人与自然以及自然原来的样子，并利用多种形式记录自然，培养与自然和谐相处的生态素养和可持续发展理念。

《自然观察笔记》一书记录了孩子们在疫情常态化下，参与首都市民生态体验活动时对自然的观察、记录和感悟。孩子们走进身边的自然，或用镜头捕捉、或用纸笔记录，用眼睛去观察、用耳朵去聆听、用心去感受，形成了 3 000 余份优秀的自然观察笔记作品，让疫情下原本焦躁的心，重拾安宁与平静，更以"小手拉大手"的形式，唤醒人们对自然的敬畏、提振战胜疫情的信心。

为了保持作品原貌，我们对收录作品中的瑕疵未进行过度处理。本书展示的优秀作品旨在激发孩子的兴趣，也是"在孩子心中播撒人与自然和谐相处的种子"的延续。同时，《自然观察笔记》将会作为首批北京生态礼物的图书与大家见面。

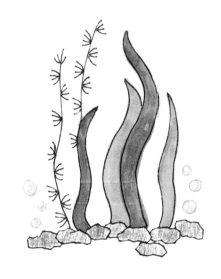

自然观察笔记
创作原则

　　自然观察笔记是我们亲近大自然和记录大自然的一种方式。我们生活在大自然之中，每个孩子对自然都拥有同样向往和渴望，只要仔细观察，它存在于我们生活学习的街道、小区、学校之中，更不要说市中心以及远郊的公园和原始森林。仅仅在北京城区能够看到的野生动物、植物、鸟类及昆虫就数不胜数，完全可以满足我们完成丰富的自然观察笔记记录。

学龄前作者作品

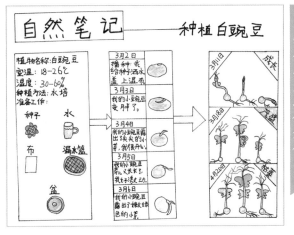

小学低年级段作者作品

小学高年级段作者作品

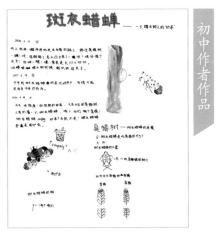

初中作者作品

　　自然观察笔记对记录者的年龄、阅历、知识水平、表达技巧等条件要求不高。只要你真心友好地热爱大自然，那它就欢迎你。自然观察笔记没有严格意义上的评价和执行标准，它的表现形式是主观且个性化的。如果不考虑特定的目的，只是为了自主地观察记录，那么你的自然观察笔记完全可以按照自己的记录习惯来进行观察、记录。

自然观察笔记，简单地来说就是人们对自然界物种及景观的记录。植物、野生动物、彩虹、朝霞……自然界中让我们产生好奇或者感觉美好的事物都可以成为被记录的对象。创作自然观察笔记没有记录载体和对象的限制，可以捡拾和收集标本，也可以用纸笔书写和绘画。同时，还可以借助专业设备去拍摄记录。

多样化的呈现方式

转盘形式表现青蛙变态发育的不同阶段

粘贴实物材料的自然观察笔记作品

带有复合材料展示的自然观察笔记

带有测量说明的自然观察笔记作品

照片配合文字、绘画表现自然观察笔记

对于有兴趣的人来讲，只要自然界的事物能够引发好奇心及观察记录的兴趣，都可以进行观察及记录。作品的呈现并不追求在表现形式上的高超技艺。单一的优秀摄影作品或者绘画作品，如果不能结合文字充分说明笔记本身想要传达的知识和情感，也是不符合要求的，无疑是一种遗憾。换而言之，创作者在创作作品的过程中着重注意的是认真翔实的体验、观察，并且用与之年龄相符的能够实现的表现技法呈现作品，哪怕作者字体表现不够工整、画面表现不够成熟，都有可能成为一幅合格甚至是优秀的自然观察笔记作品。

自然观察笔记的创作重点在于观察和记录自然。目的是让大家能够走进自然,享受自然、热爱自然。我们希望通过此类活动真正地促进青少年关注并走进大自然，完成对自然物种及现象的观察、认知知识的查阅及记录。

目 录

序
编者说明
自然观察笔记创作原则

动物类

鸟类

哺乳动物

爬行动物

两栖动物

昆虫

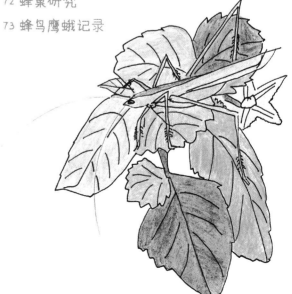

植物类

草本

乔木

目录

藤本

灌木

其他类

名师自然笔记

动物类

扫码看视频

刘海岳

动物类 ◎ 鸟类

时间：2020年10月4日上午7:30～10:30
地点：百望山森林公园
天气：晴 西北风2级 气温9℃～18℃
记录：普通鵟2只 雀鹰2只、灰脸鵟鹰1只。

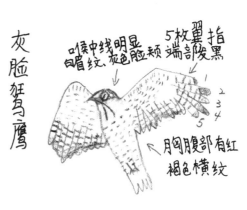

灰脸鵟鹰
喉中线明显
白眉纹、灰色脸颊
5枚翼指
端部发黑
胸腹部有红褐色横纹

雀鹰
6枚翼指
长尾巴
白色胸腹部有褐色细横纹

普通鵟
5枚翼指
头短粗、脖子特别短
肘部有大斑块
黄脚
胸腹部有不规则的深褐色斑块

现在是候鸟南飞的秋季。今天正好刮的是西北风，猛禽们顺风而行，在山谷上升气流的帮助下盘旋翻山。我们站在朝北、视野开阔的山坡上，与北方飞来的候鸟正面相迎，由远及近地没"放过"任何一只过境的猛禽。

一开始有的人看到猛禽接近时特别激动，大声欢呼。结果一只正对着我们飞来的猛禽被惊到了，立刻改变了方向，从我们的右前方飞走了。距离太远，我们都没能辨别出它的种类就看飞了，特别让人遗憾。领队张鹏老师告诉我们观猛的基本要求就是不要打扰它，我们应该"悄悄地来，悄悄地走"。后来大家就静静等待，静静观察了。

今天看到的猛禽数量和种类虽然不多，但我觉得观猛很有意思，因为猛禽在空中飞翔的样子实在是太帅了。

名师点评 　　这是一幅鸟类的猛禽观察记录，典型的羽毛色块都描绘得非常到位，从自然观察笔记的角度上来讲，对环境、当天的气候条件以及鸟类在飞行过程中的状态，都有很详细的记录。可见这位小作者观察得非常认真，作品体现了科学性和真实性以及自主观察的过程。这个小作者的作品记录得相当准确。每一种猛禽包括脸颊部的这些纹络都描绘得非常清楚。

白眉姬鹟观察记录

◆ 吕政莹

动物类 ◎ 鸟类

自然笔记 2020.10.4.晴 16℃

鸣叫

鸣叫时，白眉姬鹟会伸长脖子，叫声很清脆，有时还会把尾巴翘起来。

bái
白眉姬鹟
méi
jī
wēng

基本信息

体长：约13cm
体重：约14克
会捕食蚱蜢、瓜虫等昆虫。

外貌

腰是很亮的明黄色，两个翅都是黑色的，眼睛上方有一块白色，非常显眼。尾巴微微翘起，有时鸣叫时翘的较为明显。

习性

观察时为单独活动，有时在低枝处活动，有时在空中飞一会便会落在较高的枝头。

白眉姬鹟鸣叫的样子。

名师点评　　这幅自然笔记记录了一只白眉姬鹟。这位小作者应该是持续很长时间一直在观察这只鸟，所以能对鸟的活动区域范围、鸣叫时振翅的样子等内容都做出了绘画描述。小作者观察记录的是一只雄性的白眉姬鹟，白眉姬鹟眼睛上方到鸟喙的上方位置有一条白色条纹，这种鸟类的名字也由这一特点而来。如果不是仔细观察的话，这个细节可能就会被忽略掉了。建议小作者作为中学生在自然笔记中可以增加更多的科学语言的描述。将所描绘的白眉姬鹟身体的各部分用专业术语加以描述，整幅笔记会更加完整。

戴胜——美丽的臭鸟

扫码看视频

动物类◎鸟类

名师点评 　这幅自然笔记是对北京的一种常见留鸟——戴胜的描述，小作者抓住了该物种体型上的特征，比如说冠羽的形态。对繁殖期的戴胜进行了育雏行为的观察。作者查阅了一些资料、对资料进行整合的同时，有自己的思考。作品绘制得也很精美，整个画面的构图也比较好，是一幅不错的作品。

4

自然观察记录

◆ 宁可萱

动物类 ◎ 鸟类

黄斑苇鳽

飞羽黑色

嘴峰暗褐色

脚、趾黄绿色

嘴黄绿色

瞳孔圆形，眼黄色

上体黄褐色，有淡褐色纵纹

绿头鸭

家鸭的祖先之一。我看到的是雄鸭，头部眼睛周围刚刚开始显现绿色。

头部开始变绿

嘴端黑色

嘴黄绿色

胸栗色，饰着有规则的状斑纹

尾羽黑色向上翘起

脚橙红色

翼镜紫色，有两个白边

感觉绿头鸭并不怕人，我观察它的时候，它一直静静地站在那里，非常配合，让人喜欢。

它给我留下的最深印象是飞翔时能清楚地看到纵纹相间的身体和黑色的翅膀。它有一个有趣的别称：小水骆驼。

荷花

夜鹭

今天看到了夜鹭的幼鸟，当时我特别惊讶：幼鸟不都是很小的吗？怎么夜鹭的幼鸟这么大呢？李老师告诉我们夜鹭幼鸟时的体型大小就和成鸟差不多了，幼鸟全身深灰色，有很多白斑。头部和腹部布满白色条纹。上嘴黑色，下嘴黄绿色，眼橘红色。脚趾黄绿色。

红领巾公园湿地的荷花开了，非常漂亮。

　　这个作品是小作者对红领巾公园湿地的描绘，在作品中既有环境的描写，又有对生活在湿地中的野生动物的描写。并且根据观察时间，记录的夜鹭体态及绿头鸭的样子都非常准确。小作者选择的绿头鸭、黄斑苇鳽、夜鹭都是湿地的代表鸟种。

陈溪

戴胜鸟

动物类 ◎ 鸟类

戴胜鸟

7月24日,我们一家人去公园玩,回家路上,我在路边看到一只美丽的小鸟,它有着精致的橙色的羽毛,黑白相间的翅膀,张大约26厘米,细长的嘴巴,头上还有一个冠子,虽然它好看,但是我们不知道它叫什么,妈妈上网查了一下它叫戴胜,头上橙红色的冠子会开屏,细长的嘴巴在土里啄来啄去,可能在吃虫子。它生活在森林、平原、园林等区,它喜欢阴凉地,爱在树洞里生儿养女,它还有个特别的个性,就是在遇到危险时,会从尾部分泌出一种液体,那种液体非常的臭,所以敌人闻到臭味,就会跑掉,十分有趣取。戴胜鸟是珍贵稀有的鸟,我要保护环境,让戴胜鸟在长阳安家,这样我们就会成为邻居,我们就会经常见到它。

戴胜鸟遗落下的羽毛

自然笔记

名师点评 这是一幅关于戴胜的自然笔记记录。小作者对在公园里面观察到的戴胜形态表达得比较准确。但对戴胜的行为过程没有更丰富描述。对物种的介绍也缺少科学的描述。

动物类◎鸟类

绿孔雀——自然笔记

朱雨辰

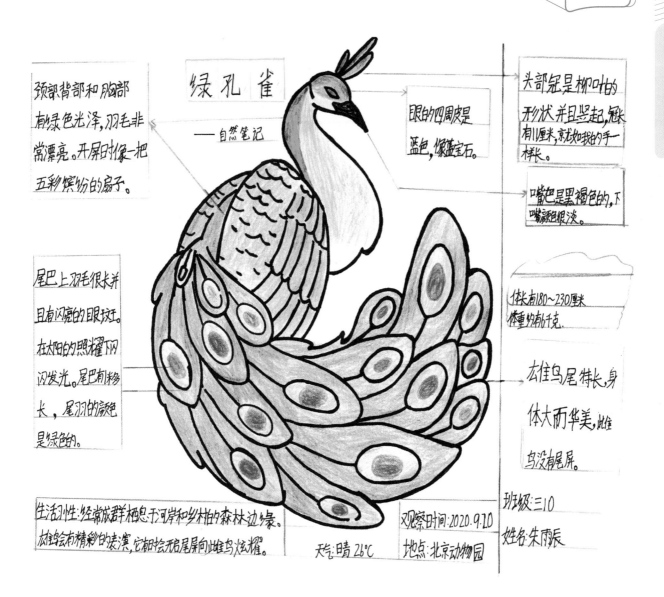

绿孔雀

——自然笔记

颈部背部和胸部有绿色光泽,羽毛非常漂亮。开屏时像一把五彩缤纷的扇子。

头部冠是柳叶的形状,并且竖起,冠有6厘米,就如我的手一样长。

眼的四周皮是蓝色,像蓝宝石。

嘴巴是黑褐色的,下嘴颜色很淡。

尾巴上羽毛很长并且有闪亮的眼斑。在太阳的照耀下闪闪发光。尾巴有彩长,尾羽的颜色是绿色的。

体长有180～230厘米,体重约有6千克。

左佳鸟尾特长,身体大而华美,雌鸟没有尾屏。

生活习性:经常成群栖息于河岸和乡村的森林边缘。求偶会有精彩的表演,它都会开启尾屏向雌鸟炫耀。

观察时间:2020.9.20

天气:晴 26℃

地点:北京动物园

班级:三10

姓名:朱雨辰

名师点评　　这是一幅绿孔雀的自然笔记,整体来说作品比较美观。在细节描述上不是很精准,建议小作者增加细部的认真观察。

刘梦洋

北红尾鸲

时间：2020 10月2日 3：15

地点：唐山　　　　　学名：北红尾鸲

天气：晴　　　　　　俗名：倭瓜燕

观察人：刘梦洋

额头背灰色
下体橙棕色
嘴脚黑色
眼圈白色

背灰色

橙棕色
黑色

今天我在姥姥家发现了一只撞在墙上的小鸟，我把它拿到阳台上，我仔细观察，看看它哪里受伤了，我为它准备了水和食物，我希望它早点好起来，自由自在的飞向蓝天。

名师点评　　这位小作者记录的是一只北红尾鸲。小作者对这种较为常见的鸟类身体各部分羽毛的颜色描绘比较准确，小作者对这只鸟的救助，体现出他对野生动物的爱护。但在绘图的时候，鸟类身体各部分结构比例把握不是很准确，且需要增加相应科学性的描述。

鸟类观察笔记

◆ 张熙和

扫码看视频

人大附中朝阳学校 三(1) 张熙和《自然观察笔记》

时间：2020·10月5日
地点：沙河水库
天气：晴
温度：16度

又到了鸟类迁徙的季节，我们来到了沙河水库去观鸟。这里是一块湿地，有开阔的水面，水边生长着芦苇和树木，湖中有好多鱼，是鸟儿们的食物。

我看见的主要鸟类有：白鹭、苍鹭、大白鹭、普通鸬鹚、绿头鸭、赤麻鸭、凤头䴙䴘、达乌里寒鸦。

我发现很多鸬鹚都在晒太阳，难道它们冷吗？
我回来查了一下，原来是这样：它们缺少尾脂腺，羽毛不太防水，所以，它们要在捕鱼以后及时将羽毛晾干。

名师点评　这位小作者记录了他在沙河水库观鸟的过程。作为观鸟记录应该有对鸟种、数量这些内容的描述，小作者的记录相对来说比较全面。建议小作者再增加一些对这个物种的科学性描述，这样会使自然笔记更具有客观性和科学性。

邓凯风

飞羽寻踪

动物类 ◎ 鸟类

飞羽寻踪

2020年10月4日　　　晴　　　北京奥林匹克 Park 森林公园

今天，我和爸爸妈妈来到北京的绿肺—奥林匹克森林公园观察鸟类。

← 我们首先来到一片湿地，在湿地旁边的权杈拍到了喜鹊。 →

当我们走近湖边的芦苇丛，突然惊起 → 一大群棕头鸦雀，我们赶紧拿起相机拍照。📷

← 当它们躲在枯黄的芦苇丛中时，几乎是隐身的。

湖面上飞来一群绿头鸭，落在水面上。 →

我发现不同鸟类经常活动的区域不一样。

喜鹊把巢筑在高高的权杈上，棕头鸦雀经常活动在灌木丛和芦苇丛里，绿头鸭则喜欢在湖面上嬉戏。我想这可能和它们喜欢吃的食物所在有关，也有可能是为了便于隐蔽自己，不被天敌发现。

名师点评　　本作品是小作者在奥林匹克森林公园进行的一次观鸟活动记录。小作者观察到了喜鹊、棕头鸦雀、麻雀、绿头鸭等不同的鸟，他不仅注意观察这些鸟，还注意到了这些鸟的一些行为，包括筑的巢等。建议小作者增加对物种形态特点的一些科学描述。

遇见斑鸠

◆ 王悦淇

遇

鸽灰色

黑

褐色

粉色

褐色

见

红色

斑

鸠

我对鸟有特别的喜爱之情,因为我家有三只可爱的虎皮鹦鹉,我家小区有很多高大的树,绿树成荫,花团锦簇,平时总有各种鸟儿在窗外盘旋,有时家里的小鸟听到外面的鸟叫声,也跟着唧唧喳喳地叫,好像它们在说话,窗外总能听见一阵阵"咕咕咕"的叫声,我很好奇这是什么鸟。

一天早晨,我突然听到那熟悉的咕咕声似乎离得很近,我走到窗台,声音正是从这里传来,透过窗户,像鸽子一样的大鸟来了,它的警惕性很高,当它意识到我在注视或靠近时,立刻飞走了。

我上网一查,发现这鸟学名叫珠颈斑鸠,俗称"野鸽子",因为颈部有一圈花斑点,所以也叫"珠颈斑鸠"。中型鸟类,头为鸽灰色,上体大都褐色,下体粉红色,后颈宽阔的黑色,其上满布以白色细小斑点形成的领斑,嘴褐色,脚红色,跟我看见的大鸟一模一样,所以它就是"珠颈斑鸠"了。

名师点评　这是一幅关于珠颈斑鸠的自然笔记作品。小作者观察得比较细致,珠颈斑鸠脖颈上的一圈小斑点记录得很清晰,绘画得比较准确。建议小作者能够对鸟类生活的生态环境加以关注,并进行细致的观察和描写。

◆ 冯怡君

鸟窝观察记录

动物类◎鸟类

我出去玩的时候，在路边发现一个掉落在地上的小鸟窝。捡起来观察后，发现：

1.鸟窝外围由很多杂草的茎编织成，找猜小鸟一定是费了很多力气

2.鸟窝外围有很多白色的一片一片的东西，我猜这是一种小鸟加固鸟窝的方法

3.鸟窝的一边有一个突出的小角，我猜这个地方是与树枝相连的

小鸟真是一个聪明的建筑师啊。

另，测量长×宽×高：10×8×5(cm)

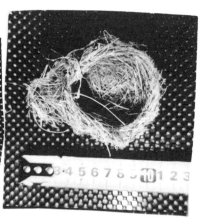

名师点评 这幅作品是记录小作者捡到的一个鸟巢，他用了测量的科学研究方法，对鸟巢进行了描述。观察得比较仔细，比如鸟巢的制造材料是什么，形状是什么，还做了一个简单的推测。建议小作者对捡到鸟巢的环境有所交代，便于推测这到底是什么物种的巢。

动物类◎鸟类

戴胜鸟

◆ 于沐子恩

戴胜鸟俗称花蒲扇，是以色列的国鸟，又为戴胜科戴胜属的鸟类。在北方平原地区生活，主要分布在欧洲、亚洲和北非地区，尤其以林缘耕地较为常见。

记录时间：2020.10.13
记录地点：山东德州
记录人：于沐子恩

嘴形细长，以虫类为食，喜欢开阔潮湿的地面，在觅食时，常常把长的嘴插入土中取食，常在树上的洞内做窝，性情活泼。更神奇的是，戴胜鸟头顶有一顶凤冠状的羽冠，羽冠颜色为偏棕的颜色，且羽毛末端为黑色。在后面的羽黑端前更具白斑，羽冠还可以像折扇一样打开和关闭：停歇或在地上觅食时，羽冠张开，形如一把扇；遇惊后则立即收贴于头上。戴胜鸟身上和翅膀上有黑白花纹，鸣叫时喉颈部伸长而鼓起。但戴胜鸟只可远观，不可亵玩焉！因为它们身上有着与它们生活习性有关的臭味儿，因此又名"臭姑姑"。

我喜欢鸟儿的自由，又喜欢戴胜鸟的美丽和它那神奇的羽冠，即使它们又被为"臭姑姑"，但是它们的美貌和自由让我快乐！

戴胜鸟

名师点评　这幅自然笔记作品记录的是戴胜，观察地点是在山东德州。从绘画的角度上来讲，小作者对戴胜这种鸟类的形态特点和羽毛颜色的描绘比较准确。但是在描述上稍微欠缺一些自己的观察，建议在查阅资料后结合自己的观察对动植物进行细节描述。

黄睿佳

麻雀的观察记录

动物类◎鸟类

麻雀的尾巴和大多数鸟类的尾
羽的作用差不多，都是
可以在飞行过程中起
到平衡身体，调整速
度，改变方向的作用。

麻雀的鸟足也是最为常见
的一种，三趾向前，
一趾向后，呈三角分
布。这可以使它们
紧紧抓住树枝，攀附树干。

麻雀是一种最常
见的鸟，在街道旁两
步便是一只，但是如此
就是最可爱的，是
吗？

名师点评　这幅自然笔记作品是关于麻雀的记录。麻雀攀附在枝干上的攀抓方式，小作者观察得比较细致。建议将麻雀的行为做更细致的观察和记录。

爱观察的麻雀

马培轩

远看看

贴近看

下看看

哇!有意思

时间：2020年8月16日
地点：天坛公园
天气：晴
马培轩
民大附中丰台学校
宋骁

我在一处卫生间外面发现两只麻雀围着不锈钢立柱不停转圈儿。开始我觉得可能是柱底有食物。但过了一会儿我发现它们是对立柱的"镜面反射"感兴趣！有一只还上看看、下看看、并且把脸贴上去。然后对着镜子里的自己看了几秒钟这真是太有意思了！

名师点评　　这位小作者做了关于麻雀的自然笔记。他观察了一个很有趣的现象——麻雀照镜子，并通过照片的形式记录了下来，可以说这是一个很有意思的观察记录过程。
　　建议小作者对麻雀照镜子的这一行为进行更深入的思考及探究，查阅一些资料，了解一下这个动物这种行为出现的原因，会让作品更加具有科学性。

石林楚

掉落的小喜鹊

动物类◎鸟类

掉落的小喜鹊

2020年6月16日,天气晴朗,在石佛营西里小区,一只小喜鹊从树上掉了下来,飞不上去,因为小区里的人多,所以喜鹊妈妈不敢救小喜鹊,我和其它小朋友站的远远的,希望喜鹊妈妈能把小喜鹊安全地送回家,我们一直待在那儿一个小时,也没有看到小喜鹊被接走。

小喜鹊在车顶上又热又渴,于是,我们拿了一个小罐子装了点儿水,小喜鹊喝了几口水后,一直闭着眼睛,我想它一定是太害怕了。

名师点评 　这幅自然笔记记录的是小作者救助一只小喜鹊的全过程。内容相对来说比较简单,体现了小作者在救护野生动物方面做的一些工作,且这种救护行为也值得提倡。小作者没有直接把小喜鹊带回家,而是把它留在原地看护着它,等大喜鹊妈妈来照顾,这是符合科学的救护理念的。

鸳鸯科学调查

◆ 朱子沛

动物类◎鸟类

鸳鸯科学调查

今年，我和妈妈作为观鸟爱好者，通过志愿者招募参加了北京市野生动物救护中心组织的鸳鸯科学调查活动。

1月18日下午我们提前到达颐和园幽风桥集合，先进行实地观察训练。白色眉纹是鸳鸯的识别特征，成年雄鸟羽色鲜艳，嘴红色。雌鸟嘴暗灰，肋部有鱼鳞状玟玉点，雄性亚成鸟没有。

雌♀ → 肋部 ♂雄

14点，全市22个调查点同步开始调查。观察过程中，我发现长着丛丛高草的水域是鸳鸯经常活动的地方，调查结束时，我们在颐和园共观测到19雄9雌。

树洞

4月9日，在颐和园西区观察到一对鸳鸯，在树洞里安家，准备繁殖后代，我怕打扰它们，就先离开了。我们要文明观鸟。

6月17日在颐和园西区中路水域，观察到鸳鸯妈妈带着12只小鸳鸯在水里游。远处还有好几群，看来，鸳鸯们已经顺利完成了后代繁殖。

这项活动给我一次深入大自然的机会，让我爱上了实地观察。新型冠状病毒肺炎疫情期间，妈妈给我下载了鸟类观察app，这样既能继续了解各种鸟类生活习性，又能为疫情防控做贡献。

只有我们保护大自然，才能保护我们共同的家园。

名师点评 小作者参与科学调查并完整地记录下来。鸳鸯作为我国的二级保护动物，一直是非常受大家喜欢的，特别是雄性鸳鸯，它的体态非常鲜艳，所以大家都非常喜欢。曾经是北京地区的罕见冬候鸟，这些年我们发现它在北京地区也有繁殖。从小作者参与科学调查的过程中，记录到了鸳鸯在树洞中繁殖的过程。从内容上来讲非常翔实、全面。绘画表现方面再努力提高，会是更优秀的自然笔记作品。

动物类 ◎ 鸟类

喜鹊观察记录

观察日期：2020年2月17日

喜鹊的声音非常洪亮，甚至有点吵杂，它会有节奏的"喳喳喳喳"地叫上好长一段时间，在叫的时候，它那白色的圆肚子也会跟着晃动。

〈喳～

喜鹊吃的比较杂，夏季主要以昆虫为食，蝉是它的猎食对象。

观察地点：小区里
观察人：崇景嘉

柿子是喜鹊冬天时最喜欢吃的食物，它吃柿子时，一般会从下面开始吃，把柿子掏空。

喜鹊一般在2月份搭窝，它先搭一个镂空的框架，再添树枝，直到没有缝隙为止。

名师点评　　这是一幅记录喜鹊的自然笔记。小作者对于喜鹊身体各部分颜色记录的比较准确，同时小作者观察到了喜鹊在冬天的时候喜欢吃柿子这些果实，甚至是记录到了喜鹊喜欢吃柿子里面的果汁这样的细节。记录的搭巢过程也是不错的。从科学性的角度上来讲，如果能够有一个持续性的观察，再进一步用科学的语言对喜鹊进行描述就更好了。

燕子观察记录

◆ 郑雅心

动物类◎鸟类

2020年6月27日 上午10：30左右 晴 气温30摄氏度 潮白河

上午，我们在潮白河边散步，回家时看到路边一处水洼聚集着好多燕子。悄悄走近一瞧，原来它们在啄泥，头往下一点一点的，啄几下再抬头看看四周，有时还换个位置接着啄，嘴上挂着很多泥，瞪着圆圆的眼睛，要多萌有多萌。嘴里衔满泥的燕子飞走，就又飞来一批（多只，我只顾着看它们啄泥了，没数有多少只），它们不光啄泥，还会啄路边的干草。我认为它们啄泥衔草一定是为了筑巢的。

这些来啄泥的燕子有：家燕和金腰燕。虽然它们筑巢取材一样，但它们的巢却不一样，一个粗糙一个细腻，形状也不一样，一个是碗状的，另一个是长颈瓶状的，是不是很神奇？

家燕：

背部黑色，富有蓝黑色金属光泽，一道蓝黑色胸带把栗红色的额、喉与腹部截然分开。最外侧尾羽甚长，尾呈深叉状，除最外侧尾羽呈黑色外，内侧尾羽上均具白斑。亚成鸟体羽色暗，无长尾羽。嘴黑褐色，脚黑色。
繁殖期4-7月。多数1年繁殖2窝，第一窝通常在4-6月，第二窝多在6-7月。

金腰燕：

黑白色的燕。颊部棕色，背部黑色，富有蓝黑色金属色泽，飞行时腰部可见一道宽阔的栗黄色横斑，下体白且多具黑色纵纹，最外侧尾羽甚长，尾呈深叉状。嘴黑色，脚黑褐色。
金腰燕的繁殖期4-9月。每年可繁殖2次，每窝产卵4-6枚，多为5枚，第二窝也有少至2-3枚的。

名师点评 这是一幅记录家燕的自然笔记。小作者运用拍照的方式来记录看到的燕群，并且小作者发现了两种不同的燕子——家燕和金腰燕，相应地记录了这两种不同的燕子。如果在介绍两种燕子时能够脱离查阅到的资料，增加自己实地观察两种燕子的燕巢并进行描述会更好。

动物类◎鸟类

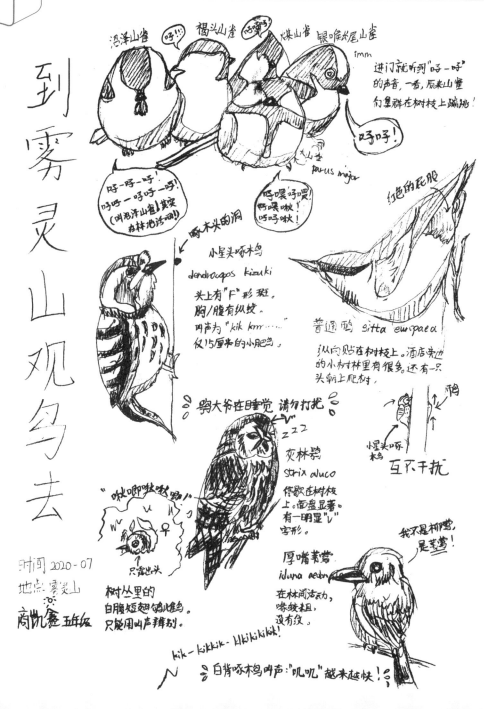

名师点评　这是一幅观鸟的自然笔记记录。小作者如实记录了雾灵山里几种不同的鸟类，特别是对几种山雀：沼泽山雀、褐头山雀、煤山雀以及银喉长尾山雀做了一个比较性的研究。由于整个的作品是用铅笔来完成的，所以对于物种羽毛的颜色体现略显不足。如果用彩铅表现，那么这作品就会相当完美了。

天坛里的大喜鹊

靳潇晓

天坛里的大喜鹊

时间：2020年8月16日
地点：天坛公园
天气：晴　　记录人：靳潇晓

起飞三步曲

飞翔对鸟儿来说可不是一件容易的事各种起飞方式大不相同。喜鹊起飞时的第一步是蹬腿，就像热个身一样。

热身完毕起飞时的第二步是帅气地展开翅膀，猛地一蹬腿起飞！

身体离开地面之后，要把脚趾收到腹部下面扇动翅膀，喜鹊飞起来了！

虹膜

肩

腹

跗蹠

趾

尾

名师点评　　这是一幅关于喜鹊的自然笔记。小作者对于喜鹊的起飞行为进行了细致的观察，做了起飞三部曲，这是这个作品里的一个亮点。但是小作者对于喜鹊这种鸟的科学性的描述和记录还有所欠缺，包括用词也不是特别准确。如果能够再进一步地查阅一些资料，结合自身的观察合理运用资料会更好一些。

动物类 ◎ 鸟类

赵子馨

红嘴相思鸟观察记录

学名: Leiothrix lutea

别名: 红嘴玉等

门: 脊索动物门

纲: 鸟纲

目: 雀形目

科: 画眉科

属: 相思鸟属

红嘴相思鸟

记录人 赵子馨

观察时间:2020.7.12
观察地点:清源山
天气:晴

【观察过程】

　　在爬清源山时,我突然被两只颜色鲜艳的小鸟吸引住了。它们很快从我眼前飞了过去,并停在树梢上。我赶紧用手机拍了下来,本想走近些,它们却又飞走了。

【习性】

　　除繁殖期间成对或单独活动外,其他季节多成3~5只或10余只的小群。胆大,不算很怕人。多在树上或林下灌木间活动。

【食性】

　　主要以毛虫、甲虫、蚂蚁等昆虫为食,也吃植物果实、种子等植物性食物,偶尔还吃少量玉米等农作物。

眼周淡黄色

赤红色的嘴

颏、喉黄色

黄色和红色的翅斑

闪橙黄色

上体暗灰绿色

尾叉状,黑色

名师点评　　这位小作者记录的是一只红嘴相思鸟。他的观测时间是在夏季,地点是清源山,观测地的生态环境符合这种鸟的生境。小作者对鸟做了简单的介绍,美中不足就是鸟的形态特征把握得不够准确,没能更好地体现出红嘴相思鸟的这种体型体态。

红嘴蓝鹊观察记录

◆ 鞠欣桐

动物类 ◎ 鸟类

扫码看视频

红嘴蓝鹊介绍：

　　红嘴蓝鹊是大型鸦类,体长54—65厘米。嘴脚红色头.颈、喉和胸为黑色,头顶至后颈有一块白色至淡蓝色的或紫灰色的斑,其余上体紫蓝灰色或淡蓝灰色.尾长呈凸状具黑色亚端斑和白色端斑.下体呈白色。

红嘴蓝鹊

红嘴蓝鹊的习性：

　　红嘴蓝鹊能发出多种不同的嘈吵叫声和哨声。常见广泛分布于山区常绿阔叶林针叶林、针阔叶混交林和次生林等各种不同类型的森林中,也见于竹林、林缘疏林和村寨、地边树上.以果实、小型鸟类及卵、昆虫为食,常在地面取食,主动围攻猛禽.在喜马拉雅山脉、印度和北部、中国、缅甸均有分布。

我的感受

　　一开始,我刚认识红嘴蓝鹊,我认为它们只会吃一些小果子和昆虫.但后来,我经过查询资料才发现红嘴蓝鹊不光吃果子和昆虫,还会吃小型鸟类和它们的卵,它们还会围攻猛禽,这也让我感到非常神奇和有趣,原来这种小动物这么能干,这也让我不得不相信"大自然中有许多神秘莫测的事情"这句话了!

名师点评　　这位小作者记录的是红嘴蓝鹊。从绘画的角度上来讲，对红嘴蓝鹊的颜色描绘非常明确，一眼就能看出记录的是什么鸟。从自然笔记的角度上来讲，小作者的文字介绍更像是借鉴所查阅的资料，自主的观察总结记录稍显欠缺，希望作者能够到自然界中，对这种生物进行进一步的深入观察和了解。

23

刘文雅

喜鹊

动物类 ◎ 鸟类

2020年8月3日，晴 红领巾公园

今天，我来到良乡街红领巾公园。坐在鹊五街长椅上观看美景时，发现了一只喜鹊，我上前查看，它就扇起翅膀飞走了，我觉得喜鹊这种鸟类非常美丽、漂亮，像如一只只黑色的小精灵，回家时，我便查阅了相关资料。

中文名： 喜鹊
外文名： Black-billed
别名： 鹊、客鹊，飞驳鸟，干鹊
拉丁学名： Pica pica
界： 动物界

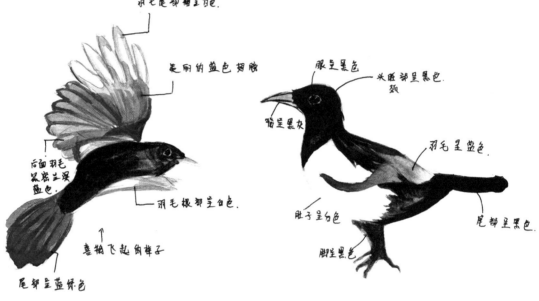

羽毛尾部都呈白色.
美丽的蓝色翅膀
眼呈黑色
头顶部呈黑色. 颈
嘴呈黑灰
羽毛呈蓝色.
后面羽毛紧密呈深蓝色
羽毛根都呈白色.
肚子呈白色.
尾部呈黑色
喜鹊飞起的样子
脚呈黑色
尾部呈蓝绿色

喜鹊（学名：Pica pica）是鸟纲鸦科的一种鸟类。共有10个亚种。体长40—50厘米，雌雄羽毛相似，头、颈、背至尾均为黑色，并自前向后分别呈紫色、绿蓝色、蓝色等光泽。

喜鹊为杂食动物，食物由季节和环境变化而变化。夏季主要以昆虫为食。冬季则主要以植物果食和种子为食。

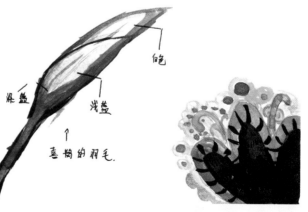

白色
纯蓝
浅蓝
喜鹊的羽毛.

名师点评 这幅自然笔记是对喜鹊的记录。从颜色表现角度上来讲，比较能体现出喜鹊各部分的颜色特点。从体型表现来讲稍显欠缺。文字的描述过于程式化，建议小作者能够对喜鹊进行更仔细的观察，减少使用查阅资料的占比。

小喜鹊的观察日记

◆ 赵静雯

动物类 ◎ 鸟类

喜鹊

时间：2020年4月10日　　　　天气：晴
地点：呼伦贝尔市伊敏河镇新源社区

　　2020年这个寒假很特别，因疫情我一直留在老家内蒙古。今天，我出去锻炼时，咦？我发现了两只小喜鹊，一只在松树上，一只在草地上。喜鹊的头、颈、背到尾巴都是黑色的，双翅黑色但翼肩有一大块白色。嘴、腿和脚都是黑色的，嘴是尖形。尾巴长长的，腹部以胸部为界，前面是黑色，后面是白色，体长大约30厘米左右。忽然有一只小喜鹊叼着一根小树枝在修补它的小窝呢，还真是一只勤劳的小喜鹊！

　　姐姐说：这个地区的喜鹊特别多，它们喜欢把巢筑在民宅旁的大树上，小喜鹊经常会吃一些害虫，所以我们要爱护小鸟们。

头
喙
上腹部
下腹部
翅膀
尾巴
腿
爪子

鹊巢

姓名：赵静雯
班级：四年一班
学校：北京市石景山区水泥厂小学

名师点评　　这是一幅记录喜鹊的自然笔记作品。这个作品对喜鹊各部分的体色描绘比较准确，并且小作者还观察到了喜鹊的巢，对巢的记录描绘也比较准确。如果小作者能够加上对这个物种科学的观察记录和描述的话，我想这个作品会更加完美。

动物类◎鸟类

孙小稀

燕子观察记录

(飞翔)

(站着)

自然笔记

观察时间：2020年9月21日
观察地点：家附近大树上
观察天气：晴
两只燕子好像是燕妈妈
在和燕宝宝交流，看上去
十分亲昵。

活动：行动很灵敏，经常一起活动。分布在世界各地，在村庄田野，城镇上空一直飞。可以飞一天，中午要休息一会儿，是一起迁徙的。	巢：安在墙壁上，屋檐下或横梁上，洞口是小碗状，开口在上面。 别名：燕子、观音燕	身体长：13~20厘米 体重：14~22克 进食：主要吃昆虫	繁殖期：4月到7月是家燕的繁殖期，每X年繁殖2次，每次产卵2~6枚，孵化期15~17天，22~23天离巢。

名师点评　这是一幅记录燕子的自然笔记，小作者描述的是家燕。从描述的内容上看，主要是查阅资料的积累，缺少了小作者自己的观察记录。如果能够对家燕这种伴人动物从筑巢、孵化、育雏进行持续的观察，就更能够体现自然笔记的科学性。

喜鹊观察日记

◆ 吴思宇

喜鹊
的观察日记 ～鹊

头.颈.背至尾
均为黑色.会夹些紫.
绿.蓝等光泽

双翅呈黑色而在黑色翅中
翼肩有一大块白斑。

尾巴较灵活.比 翅长

嘴.腿.脚纯黑色

喜鹊的蛋

比鸡蛋小.比鸽蛋大.呈灰绿色的.有斑点.

通过观察我发现,喜鹊
喜欢在居民点附近活动
而且人类活动越多的
地方,喜鹊的数量就越
越多.

喜鹊可以吃的食物有很多.因为
也是杂食性的动物。
1. 植物性食物
2. 动物性食物
3. 猫们的饭菜
4. 专用鸟食

金刚鹦鹉

名师点评　　这幅自然笔记既有实物又有绘画，包含小作者对生命的观察。在居民区这个明确的观察地点，观察到了喜鹊的食性、体型、体色等信息，整体性比较好。建议在关于喜鹊繁殖相关的内容观察记录时，查阅一些文献资料。喜鹊的巢也要再仔细地观察，应符合客观事实。

孙楷琳

小刺猬观察日记

我家门前住着小刺猬,它们生活在灌木丛里。白天睡觉,晚上出来找食物!

它们和小区里的流浪猫是好朋友。小刺猬是杂食动物,什么都吃!

小区里的好心人会给小猫喂食,小刺猬也会跑来一起分享美食!

小刺猬胆小易惊,喜静厌闹!但是我们小区的刺猬好像已经习惯了和小猫为伴,习惯了吃人们投喂的食物!

它们变得不再胆小,有时小猫看到人们上前还会逃跑,但小刺猬仍然淡定地吃着食物!

人类的友善小动物们是能感受到的,爱护小动物,爱护大自然,爱护我们共同的家园!

名师点评 　　这是小作者对小区里刺猬和流浪猫的记录。他观察到了小区里刺猬和流浪猫一起吃人投喂的猫粮,这个过程记录得比较准确,但是缺乏对这两个物种的思考。刺猬作为原生物种,适应了在城市里的生活。小作者可以从流浪猫是否会对野生生物造成不良影响这一角度去思考物种之间的关系,希望小作者能够更全面地去考量野生动物和我们之间的关系。

扫码看视频

黄鼠狼

◆ 王依诺

动物类 ◎ 哺乳动物

黄鼬（学名：Mustela sibirica）：是哺乳纲、鼬科的小型的食肉动物。俗名黄鼠狼。体长28-40厘米，体重210-1200克。头骨为狭长形，顶部较平。体形中等，身体细长。头细、颈较长，耳壳短而宽，稍突出于毛丛。

黄鼠狼

●害鼠的天敌

● 尾毛做毛笔狼毫

● 黄皮子 黄大仙

栖息于山地和平原，也常出没在村庄。夜行性，尤其是清晨和黄昏活动频繁。黄鼬食性很杂，在城市中，主要以老鼠、小鸟等小型哺乳类动物为食。

时间：2020年6月6日

地点：安德城市森林公园

天气：晴 32℃

傍晚，我和妈妈到城市公园遛弯，听到"窸窸窣窣"的声音，我俩停下脚步定睛一看，竹林间有一双乌溜溜小眼睛瞪着我们。借着路灯，瞧见一个黄色的细长条，弓着背，谨慎地看着我。我第一次这么近距离地看见一只黄鼠狼。

发现地

入口

见到这只可爱的黄鼠狼，我第一次感受到还有野生的小动物和我们共同生活在城市里。我们要保护环境，给小动物们创造安全的生存空间。

名师点评

　　这位小作者记录的是北京地区能够见到的一种兽类——黄鼠狼，黄鼠狼作为一种城市野生动物，在维持城市生态系统的平衡中有非常重要的作用。在城市里面，如果能够观察到黄鼠狼是一件很幸运的事情。作品中对于黄鼠狼的描述，并不是来自于自己的观察，而是借鉴了一些资料，如果可以对这种动物去做自主的观察，把物种的一些习性记录下来，这样这个作品可能会更好。

扫码看视频

动物类◎哺乳动物

小松鼠观察记录

苗正华

2020年10月8日 晴 圆明园

这只小松鼠跑到草地上。它的耳朵小小的尖尖的，坚在圆圆的脑袋上。它有一双乌黑的大眼睛特别有神。下面凸起着一只纽扣形的小鼻子，它有一仁辣辣的嘴巴。

(1)

这只小松鼠爬到了树上去找核桃。它全身上下毛茸茸的，那玫褐色的毛光滑得好像搽过油，它的四肢及前后足均较长，但前肢比后肢短。

(3)

这只小松鼠找到了核桃，从树对上跳了下来。它身和一条大尾巴显得格外漂亮。它的尾巴又大又蓬松，像降落伞一样可以帮助它在降落时不受伤。

小松鼠带着核桃到草丛里，把核桃皮咬开。我还知道小松鼠喜欢吃素，偶尔吃草，素食主要以松子、榛子等干果和种子为主，荤食主要以幼虫为主，所以核桃当然它很爱吃。

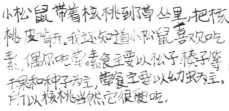

(2)

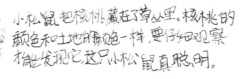

(4)

(5)

小松鼠把核桃藏在了草丛里。核桃的颜色和土地的颜色一样，要仔细观察才能发现它，这只小松鼠真聪明。

名师点评 　这幅自然笔记作品是关于松鼠的记录。从整个作品来讲，小作者观察得非常认真仔细，从发现小松鼠到观察小松鼠取食核桃，再把核桃的皮去掉埋到土里，整个过程作了持续性记录。遗憾的是小作者没有对该物种进行介绍，在做自然观察的时候，要知其然并知其所以然，准确地了解到这个物种，才能掌握更科学的知识。

蜗牛和壁虎

◆ 陈泽鑫

动物类 ◎ 爬行动物

时间：7月26日
地点：菜园
天气：阴

雨后姥姥家的菜园里，爬出来了好多大小不一样的蜗牛.蜗牛的头上长着一对长长的触角.用手轻轻一碰，它就会迅速的缩了起来.它的背上背着又圆又大的房子，房子上还有一圈一圈的花纹，小蜗牛爬行的特别慢.它背着重重的房子一步一步慢慢爬.当它遇到危险时它就快速地躲到它的房子里去等危险过后.它才慢慢地伸出头来，继续往前走.

在姥姥家的墙壁上，有好多小壁虎.它的头是三角形的，尖尖的头上有双乌黑发光的眼睛.壁虎是褐色的尾巴还有一条条的花纹.它的身体到尾巴有十厘米左右长，尾巴很长大约占了身体的一半.壁虎是靠舌头捕食的，如有飞虫飞到它的面前.它就会迅速的伸出它那长的大大的舌头，舌头一碰到飞虫的身体.舌头就圈了起来.飞虫就成了壁虎的美餐.

时间：8月3日
地点：姥姥家院里
天气：晴

名师点评　　这位小作者观察记录的是菜园里的两种动物——蜗牛和壁虎。小作者的观察比较细致，包括物种的捕食行为以及物种的运动方式。但是对于物种的科学描述有所欠缺，画面也可以再精美一些。

壁虎

2020年7月26日 星期 小雨
傍晚,我关窗户的时候,不
心把一只小壁虎夹在了纱窗与玻
璃之间。我发现它竟然断尾了。
它的身体很扁颜色是土灰色的,
嘴巴很大。有一对大眼睛,眼转
睛地盯着我。突然,有只蚊
子飞过来,只见壁虎张开嘴
巴,伸出舌头,一口把蚊子卷
进嘴里吃掉了。它的舌头又
细又长。我打量了它一会儿又
打开窗户它一溜烟儿地窜走了。

壁虎的脚趾

壁虎的每个脚
趾下面都有成千上万的刚毛,
可以吸附于墙壁。

壁虎身上披着一层细小的鳞片,
颜色有深有浅,形成了天
然的花纹。

它的尾巴除了断尾自保
以外,还可以调整配,防止
跌落、后滑。

名师点评 　这位小作者观察记录了一只壁虎。作品比较注重细节上的描述,比如壁虎爪上的吸盘,身上的鳞片,断尾这一现象。建议小作者增加对真实物种的观察记录,减少来自于所查资料的堆叠。

我发现了蛇蛋

◆ 李然

动物类 ◎ 爬行动物

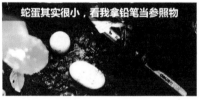

蛇蛋其实很小，看我拿铅笔当参照物

科学笔记·我发现了蛇蛋

2020年7月29日 四川·眉山 阴

（左侧手写）今天，我发现了蛇蛋。爸爸说这一定是蛇卵。我拿给妈妈看。我还把它拍下来了，也照片给心管个蛋。那蛇可能在这里。爸爸说一生产卵6~8个。蛇发胎肯定是卵生的，一般产卵。我椭圆形的来查，院子里东西。

我就在这里发现了蛇蛋↓↓↓

（中间手写，推测物种）这种锦蛇产的蛋，这两个蛇蛋可能是：一，菜花青，又名翠青，无名乌楠蛇；二，竹叶青，又名青竹蛇，剧毒；三，乌梢蛇，无毒；四，红尖蛇，又名赤练蛇，无毒；五，蝮蛇，又名皂角原斑；六，步头蛇；七，五步蛇，剧毒蝮蛇。

（右侧手写，被蛇咬后处理）毒蛇、被毒蛇咬伤时对蛇毒应慎重。被毒蛇咬后，应该立即将逆行一生被正规神经止近医院救治。可用纱布体扎，在伤处绑住，用肢处推挤，不浸入水太久太凉。最好以最快送到正规医院去。

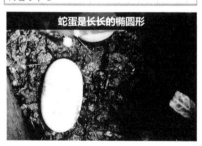

蛇蛋是长长的椭圆形

名师点评　　这幅自然笔记记录了两枚蛇卵的发现过程。小作者在自家的院子里发现了两枚蛇卵并将它拍下来，加以记录。因为无从考证这个蛇卵到底是什么物种，所以小作者根据一些特点去进行推测，对可能的物种进行了说明。

周嘉宜

角蛙 观察日记

动物类◎两栖动物

我的宠物.(肉食)吃:鱼,小甲虫,泥鳅,角蛙粮.性格很凶,吃食很凶,舌头儿带有粘液,可以粘上食物.很喜欢"角蛙沙";对!这样它有安全感。

角蛙 分公母

1.角蛙的大小

2.角蛙是否有婚垫

3.角蛙是否有鸣囊

性别:母
温度:27℃
学名:南美角蛙
色彩:黄

"角蛙沙"

公
嘴下发深
母
嘴下发浅

吃鱼过程

1. 平静 角蛙

2. 疯狂 角蛙

3. 完 角蛙

名师点评　　这位小作者记录的是宠物角蛙。他对角蛙雌雄个体的差别进行了详细的描述。对角蛙取食行为进行了观察,且都做了比较形象的描述。但是对于角蛙这个物种的科学性介绍,还有所欠缺。

扫码看视频

小青蛙整容记

◆ 张译纯

动物类 ◎ 两栖动物

名师点评 　这幅作品是小作者记录的青蛙的一生。整个作品反映了青蛙的变态发育过程，绘画比较精美。但是从科学角度上来看，小作者的作品更加卡通，更加拟人化，缺乏对真实物种的观察与记录。

张舒涵

青蛙的生长过程

动物类 ◎ 两栖动物

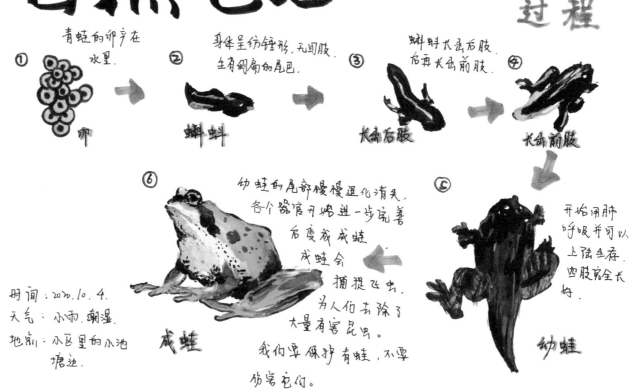

名师点评　　这幅自然笔记记录了一只青蛙，从整体性上看画得很好，每个阶段都画得比较清晰。从科学严谨性上来看，"青蛙"只是一个泛称。建议小作者查阅资料，或者请身边的老师、家长帮忙确定种类之后，写出自己所观察的具体是哪个物种。这样再进行绘制，就能更具有科学性和严谨性。

蚯蚓生物垃圾处理器

孟煜钗

动物类 ◎ 环节动物

名师点评　　这是小作者对蚯蚓生物垃圾处理器所做的观察记录。作品别出心裁地运用了纸黏土捏制了蚯蚓，之后通过分层绘制的方式来体现垃圾处理器中不同位置的生物和厨余垃圾的分布，从作品本身来看很有新意。美中不足的是小作者对蚯蚓这种物种的描述不够准确，不够科学。如果对蚯蚓做一个定种，这幅自然笔记描述的就更完美了。

朱宝德

自然观察记录

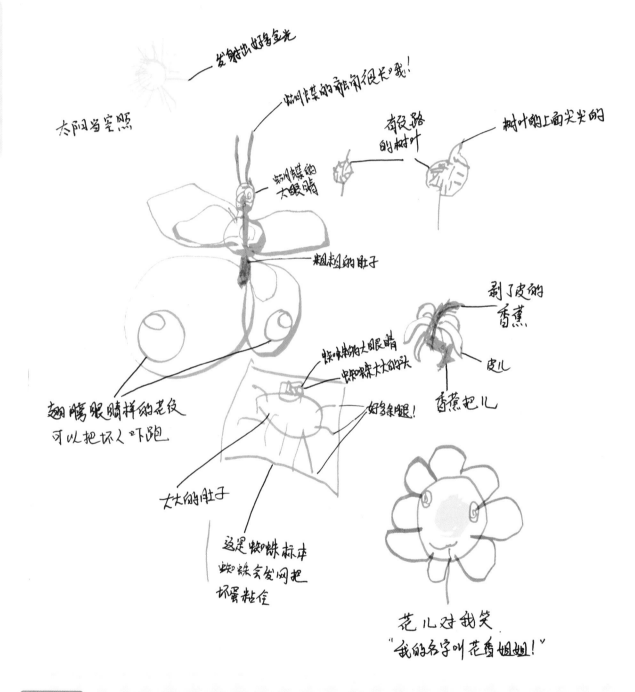

名师点评　这是一位学前小朋友记录的几种生物，包括蝴蝶、蜘蛛、树叶、香蕉和花。每一个我们都能看出来它的形象。我们希望小朋友们能够更多地接触自然，只要能够记下来自己所观察到的内容就值得表扬。

高体鳑鲏

◆ 辛坤晓

高体鳑鲏
Rhodeus
ocellatus

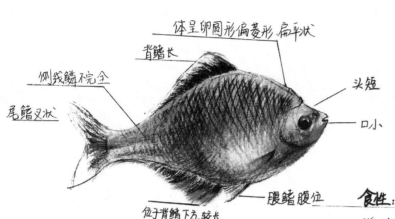

体呈卵圆形偏菱形 扁平状

背鳍长

侧线鳞片完全

尾鳍叉状

头短

口小

腹鳍腹位
位于背鳍下方.较长

观察时间：2020年5月2日

观察地点：海淀区紫竹院公园

发现过程：阳光下湖里反射出宝石一样的光

观察结果：鳑鲏鱼的颜色非常鲜艳,背部发蓝绿色,腹部则偏红。体长约5.5厘米.身体扁平。

分类：鲤形目鲤科 鳍亚科(鳑鲏亚科)的小型淡水鱼

食性：杂食性. 食物有水草、高等植物的叶片藻类、沉淀的有机物.水生昆虫等.

栖息环境：淡水湖泊的底层 比较茂的地方,水流速度平缓.且水草茂盛。

繁殖方式：通过查阅资料,我得知 雌鱼会把卵产到河蚌的鳃腔内,并在河蚌的鳃瓣里慢慢发育,3-4周后幼鱼才会离开河蚌。

河蚌

输卵管

雌鱼

雄鱼

名师点评　这位小作者记录的是一条高体鳑鲏。高体鳑鲏作为北京地区的原生鱼,曾经在北京的淡水水系里面分布较广,它的最大的特点就是身体上具有彩虹色的光泽。小作者用拆解的方式把鱼的光泽特点描绘得非常好,并且通过查资料,了解到了鳑鲏的生活史以及与河蚌之间的关系。同时小作者也将与鳑鲏相关的一些生物进行了描述,笔记记录比较体现科学性。

孙嘉晨

小虾的日常生活

小 虾 的 日 常 生 活

日期:8月3日- 8月7日

地点:家

观察人:孙 嘉晨

周末的时候我和爸爸妈妈在公园的湖里捞了几只小虾,我把它们养在了家中的鱼缸内,通过观察,我发现了它有以下这几点生活习性:

1. 爱躲藏,爱藏在水草和枝的缝隙中。

2. 食物:它们吃水草,也吃香肠和馒头,所以它们是杂食动物。

3. 喜欢光照,有灯光照射时,它们非常活泼,游来游去。没有光的时候就安静地等待。

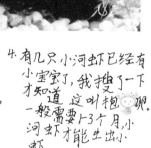

4. 有几只小河虾已经有小宝宝了,我搜了一下才知道 这叫抱卵。一般需要1-3个月小河虾才能生出小虾。

小虾 的 样子:
小虾的头上有着几根长长的 须子,身体下面还有几只又细又尖的腿,走起路来那些腿一起向后拨,使身体前进。

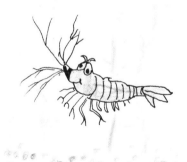

　　这是一幅对于家养小虾的描述。小作者对小虾取食、产卵及其他行为特点进行观察,记录细致,也比较准确。但小作者从公园湖中捕捞小虾的行为,这一点并不可取。

斑衣蜡蝉——一只蹲在树上的"奶茶"

谢润萱

动物类◎昆虫

2020.6.12 ☀

我上完课,懒洋洋地走在回家的路上,路过臭椿树,一瞧!咦,这树咋了,怎么凸出来了一堆块?咦,还像个虫子!打细一瞧!嘿,原来是只斑衣蜡蝉。记得我很小的时候,就认识这虫子。

2020.6.13 ☀

今年的斑衣蜡蝉明显比往年少,我猜可能是因为今年打药吧。

2020.6.14 ☀

今天,我抱着一杯热热的奶茶,又在小区的臭椿树,上面趴着一只斑衣蜡蝉,咦?它们俩个真像!斑衣蜡蝉 cosplay 奶茶?当然不是!斑衣蜡蝉那些是保护色。

↑cospaly? ╳NO

↓保护色

斑衣蜡蝉的脚

↓(两个钩子)

臭椿树——斑衣蜡蝉的装饰

Q:斑衣蜡蝉是吃臭椿的叶子?

A:No!

斑衣蜡蝉的口器

口器 → 吸臭椿的树汁

如何区分臭椿和香椿

香椿　　　臭椿

名师点评　　这幅自然笔记的作者观察得非常仔细,具有持续性的观察,涵盖细节描述。作品中包括与斑衣蜡蝉生命相关的植物的区分。并且还仔细查阅了资料,描述斑衣蜡蝉的口器一直贯穿到腹部位置。小作者对昆虫所寄生的植物进行描述,体现科学性的同时将与昆虫相关联的生态方面的内容进行了科学的描述,这些内容在自然笔记中都有着非常重要的意义。整幅作品科学严谨,既有细节,也有生态方面的描述以及形态描述。同时充分体现青少年儿童的表达特点,作品中小作者用奶茶跟斑衣蜡蝉做了一个 cosplay,为整个作品增加了不少乐趣。这幅自然笔记告诉我们,一份好的自然笔记作品,可以既科学严谨又不失趣味性。

扫码看视频

动物类◎昆虫

柑橘凤蝶的宝宝

胡凯琦

名师点评   这位学前小朋友记录了一只柑橘凤蝶的幼虫。包括它的形态和寄主植物特征，对柑橘凤蝶幼虫的眼斑描绘还是很到位的，体现出小作者的细致观察。

长喙天蛾观察记录

王诗茵

吃
花蜜

长喙天蛾

名师点评   这位学前小朋友记录的是一只长喙天蛾。首先在名称上很准确，长喙天蛾的特征就是有很长的口器，用口器来吸食花蜜。小作者的画面表现很突出，包括身体比较粗壮，多毛的特点都表现出来了，可见小朋友观察得很仔细。

螳螂观察笔记

◆ 周嘉为

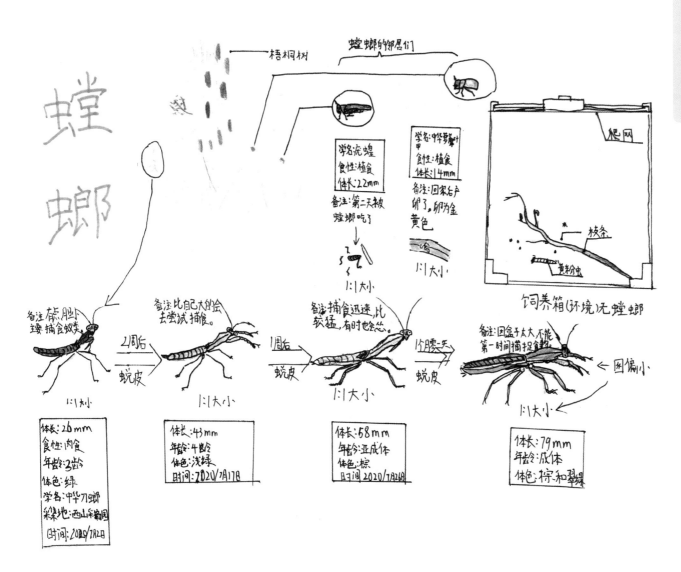

名师点评　　　这幅自然笔记记录了螳螂。小作者对相应物种进行了持续性的观察，用词比较准确，从生境到食性都做了较全面的描述。建议对生物的物种鉴定可以查阅一些资料，更准确地表述。

蒲怡然

自然观察记录

动物类◎昆虫

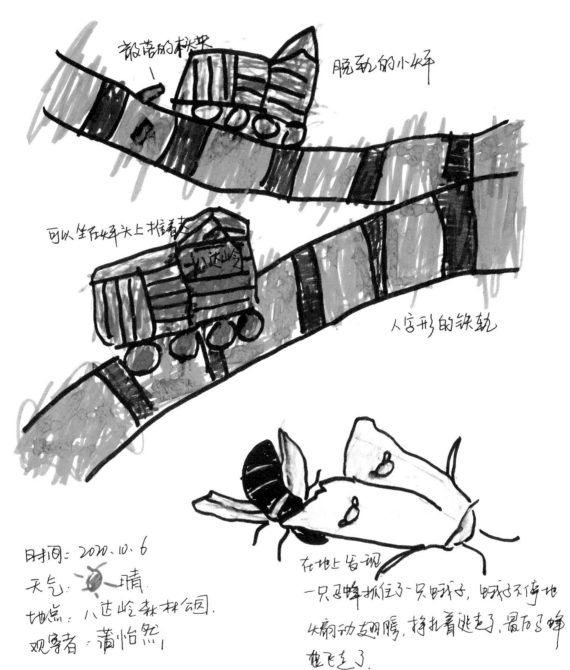

散落的松果

脱轨的小矮

可以坐在矮头上推着走

八达山令

人字形的铁轨

在地上俯视

时间：2020.10.6
天气：☀晴.
地点：八达岭森林公园.
观察者：蒲怡然.

一只马蜂抓住了一只蛾子，蛾子不停地
扇动翅膀，挣扎着逃走了，最后马蜂
也飞走了。

名师点评　　这位学前小朋友一方面是对自然的记录，另一方面是对人文的记录。观察非常仔细，整体描述也体现了自己的想法。

44

蚕的一生

◆ 李佳馨

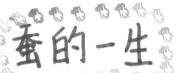

蚕是鳞翅目蚕蛾科动物。蚕卵看上去很像粒细芝麻，宽约1毫米，厚约0.5毫米。

茧子

吐丝

一头

尾

腹足

蚕从蚕卵中孵化出来时，身体的颜色是褐色或黑色的，极细小，且多细毛。幼虫蜕一次皮变白一次，共要蜕皮四次，成为五龄幼虫，再吃桑叶8天成为熟蚕后吐丝结茧。

名师点评　　这学前小朋友记录的是蚕的一生。最突出的是小作者描绘了蚕的身体各部分的特点，包括头、尾、腹足，作为小朋友来讲能够很细致的观察，非常棒。

45

◆ 李梦雨

金蝉脱壳

扫码看视频

动物类 ◎ 昆虫

时间：2020 年 7 月 4 日
地点：北京大兴
天气：晴，吶风

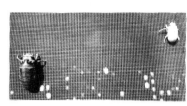

晚上，在公园捉到 xióng 虫東 hu虫莆的知了 hóu，回家又见 chá。

背上 liè 开一dào口子，zhǔn备破壳了！

身体 gǒng 出来了！

上半身出来了，先休息一会儿。xióng 蝉休息了 20 分钟，huǐ 蛄休息了 10 分钟。

jì xù 蜕壳，腰 bù 用力。

身体全 bù 出来了，但 chì bǎng 还没有完全 zhǎn 开。

chì bǎng 完全 zhǎn 开了，身体还 hěn 软。

金 蝉 脱 壳

dì 二天早上，身体变硬了，yán色也变深了。

名师点评 　这幅自然笔记全程记录了蝉羽化的过程。通过作品能够看出在蝉羽化的过程中，这位小作者是寸步不离地给蝉进行拍摄，完整地记录下蝉的羽化过程。这种观察的精神值得表扬，也建议每一位做自然笔记或者做科学研究的同学向小作者学习。建议小作者在创作过程中版面设计得再精美一些，作品效果会更好。

动物类 ◎ 昆虫

祈祷的昆虫——螳螂

赵泠晰

祈祷的昆虫
—— 螳螂

时间：2020.10.7
地点：家里阳台
天气：晴

它的头像三角形，看起来像来自外星的生物。

它拖着闪光的、轻纱似的翅膀。

它的姿势很独特：举起前足，上半身直立，仪态端庄地立在青草上；看起来像是在祈祷。

它身体的颜色可以随着环境的变化而改变。夏天，它身体的颜色是绿色；到了秋天，身体又变成黄褐色。

螳螂捕食蝗虫、蝉、蛾等害虫，它是人类的好朋友。

名师点评 　这位小作者记录了螳螂，把螳螂要点进行了清晰的绘画，并且给予了准确的描述。如螳螂的头是三角形的，翅上闪着光泽，观察得很仔细。由于螳螂种类非常多，在这个画面上螳螂没有明确地对螳螂进行定种，缺乏物种的准确性，建议小作者在记录中明确给出螳螂物种，有针对性地进行观察。希望这位小作者在日后能够进一步对自己观察的动物和植物进行探究，提升科学性。

扫码看视频

朱轩灏

瓢虫自然笔记

动物类◎昆虫

幼虫

卵

蛹

成虫

瓢虫为完全变态发育生物,一生经历:卵,幼虫,蛹、成虫4个生期。其受精成为体外受精是由雌虫产卵后雄虫将精子注入卵中进行受精。一只瓢虫由的孵育至成虫仅需要16~25天。

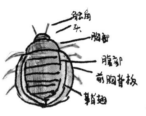

前胸背板
触角
头,胸
前翅鞘板
(鞘翅背板)
鞘翅

门柱端节
触角端毛
二节
三、四节
附节

触角
头
胸部
腹部
前胸背板
鞘翅

蛹头处于胸部

瓢虫大致可分为3类:捕食性,植食性和菌食性。捕食性瓢虫主要捕食蚜虫,食用叶片,是植食性瓢虫的饲种类。由于瓢虫有较强的自卫能力,其天敌仅有蜘蛛与天牛。

瓢虫体长1~16mm,体型呈短卵形或圆形。瓢虫具有3个特点:下颚端节斧形,附节为隐四节式,第一腹板具有后基线。它的头常嵌入前胸中,有时会被前胸背板完全盖住。前胸背板与鞘翅背板十分光滑,或密布或稀或密的细小短毛,可以有效防止其它昆虫的攻击。

瓢虫

蚜虫

蜘蛛

天牛

蜘蛛、天牛捕食瓢虫,瓢虫捕食蚜虫

名师点评 瓢虫有很多种类,在做自然观察笔记的时候小作者可以将所画的物种先进行资料查阅,鉴定物种,使笔记更加精确。有些科学性和细致性的内容仍然需要思考和提升。如果观察昆虫,可以发现昆虫是有3对足的,希望在以后的自然笔记过程中更加注重细节,看看自己所描绘的生物是不是属于昆虫的范畴之内。尽可能把细节都表现准确,科学严谨的自然笔记作品才是更好的作品。

扫码看视频

神秘的宽带鹿角花金龟

◆ 沈梦淇

动物类 ◎ 昆虫

时间：2020年6月1日
地点：北京京东大 峡谷
天气：晴

臭椿树花

今天我拿着昆虫网，背着昆虫签向大峡谷出发了。

我在丛林里发现了一只昆虫，它身体大约有5厘米长，2厘米宽。它坚硬的外壳上布满了白色的粉末，胸部有两条黑色的竖线。

触角

胸 前足

头上长着一对像鹿角状的触角，它有6条腿，前足最为突出，当受到惊吓时，它便会张牙舞爪地举起前足。我在网上查了一下，它的名字叫宽带鹿角花金龟。

外壳

它的主要食物是臭椿树花、发酵的果子和酸甜的树汁等。

它打架时先举起长而有力的双臂，低下头把触角插入对方身体下，再扬起头部将对方掀翻，很威武。

茂密的丛林里还有各式各样的小昆虫希望大家能和我一样多观察大自然。

名师点评 这位小作者记录的是一种鞘翅目的昆虫。从时间、地点上来讲符合这种昆虫的分布。作品记录了昆虫的形态特征、食性和一些行为特点。我们希望小作者们能够到野外去进行实地的观察，尽量不要把野生的物种带回家。

鲁仪霖

象鼻虫的寄生

动物类◎昆虫

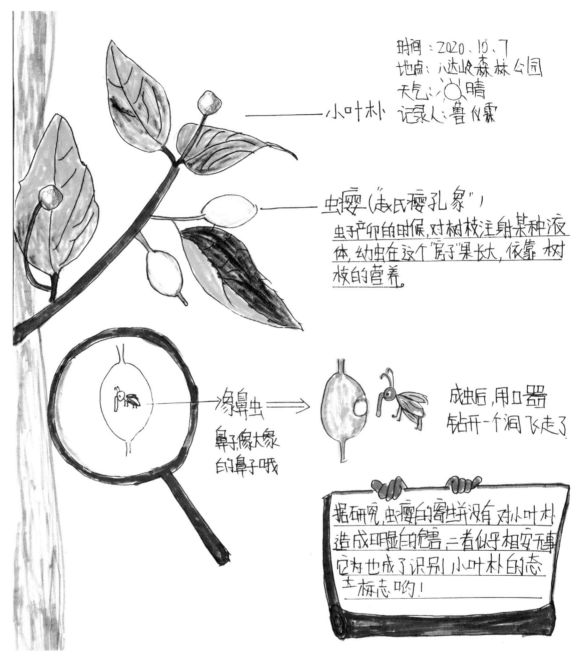

时间：2020.10.7
地点：八达岭森林公园
天气：晴
记录人：鲁仪霖

小叶朴

虫瘿（秦氏瘿孔象）
虫子产卵的时候，对树枝注射某种液
体，幼虫在这个"房子"里长大，依靠树
枝的营养。

象鼻虫
鼻子像大象
的鼻子哦

成虫后，用口器
钻开一个洞飞走了

据研究，虫瘿的寄生并没有对小叶朴
造成明显的伤害，二者似乎相安无事
它为也成了识别小叶朴的志
土标志哟！

　　这是一幅表现昆虫和植物关系的自然笔记。这位小作者记录了一种小叶朴上面的虫瘿，由他观察到虫瘿产生了好奇心，并进一步对虫瘿里面的东西有了好奇心。之后进行了资料查阅，发现虫瘿中的生物是一种象鼻虫，观察与描述比较准确。这正是自然笔记所提倡的探究精神。

扫码看视频

春天的菜蝽

◆ 闫星燃

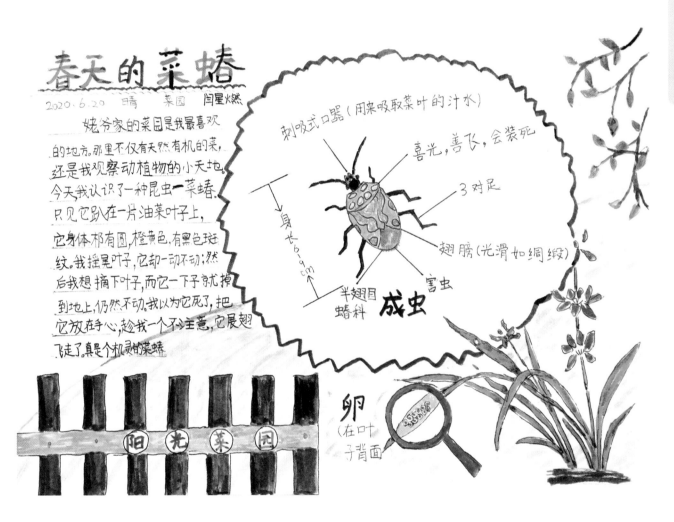

春天的菜蝽

2020.6.20 晴 菜园 闫星燃

姥爷家的菜园是我最喜欢的地方。那里不仅有天然有机的菜，还是我观察动植物的小天地。今天我认识了一种昆虫——菜蝽。只见它趴在一片油菜叶子上，它身体扁有圆，橙黄色，有黑色斑纹。我摇晃叶子，它却一动不动；然后我想摘下叶子，而它一下子就掉到地上，仍然不动。我以为它死了，把它放在手心，趁我一个不注意，它展翅飞走了。真是个机灵的菜蝽。

刺吸式口器（用来吸取菜叶的汁水）

喜光，善飞，会装死

3对足

身长6~9cm

翅膀（光滑如绸缎）

半翅目 蝽科 **成虫** 害虫

卵 （在叶子背面）

阳 光 菜 园

名师点评 　这位小作者做的是蝽的自然观察记录。他对蝽各部分的形态进行准确绘制，准确描述了蝽的口器、身体体长等形态特征，还记录了它的行为。不足之处是从科学的角度上来讲还不够完善，如果能够查阅一些资料，丰富一下关于这种物种的介绍，作品会更加完整。

姚芊宇

偶遇萤火虫

动物类 ◎ 昆虫

2020.8.15　　晴　　夜间8:30　　苏家坨镇快乐农夫果园基地 发现蚕烛

今天晚上跟随自然老师来到后山果园林进行一场"寻找昆虫之旅"的活动，在我和可可妹妹独自穿过一片深草丛时，忽然迎面飞来一只小小的飞虫，它的尾部一闪一闪的亮着蓝绿色的光，然后又发现了2只同类的小飞虫，想起好姥姥给我讲过她小时候夏天经常能看到好多这种叫做萤火虫的小精灵，后来我们悄悄追随那几只萤火虫，并且能近距离观察它们，我看到的最清楚的这只萤火虫是黑红色的，头和腹部都是深红色的，鞘翅是黑色的，为了能把这个难得看见的精灵记录下来

思考？
① 为什么萤火虫会发光？
萤火虫体内一种萤光素酶的化学物质与氧气相互作用，而产生光亮。

② 萤火虫发光的目的是？
发光是为了求偶
发光是为了吓走敌人

触角(丝) 黑色的翅膀
鞘翅(雄性有，雌虫无)
翅（雄性有，雌虫无）
发光器

雄性萤虫
雄性的眼方
两者区别：此雌性
雄性眼小些
② 雄性有鞘翅，盖住腹部和后翅，雌虫常无翅

头 胸 腹(丝)
腿 腹部暗红色的

深红+黑色的躯体和头部
此雌性萤虫

结论：我发现的这些萤火虫由于是在比较湿润的草丛中发现的，且它的身体特征，我判断它们应该是陆生萤火虫，类型品种是红胸黑翅萤。

通过观察及查阅资料，我将这次发现的经历记录下来是想通过我的分享让更多的小朋友认识这种可爱且珍贵的动物，希望大家共同保护生环境，这样才能留住萤

名师点评 这位小作者所记录的是萤火虫。对于遇到萤火虫的环境描述比较准确。小作者也提出了一些如为什么萤火虫能发光这样的问题，自己在作品中也做了一些相应的解答。但是对于他观测到的萤火虫这种物种的描述记录比较欠缺，如果能够加入通过自己观察和查阅资料，绘画会更好一些。

螳螂观察记

曹子航

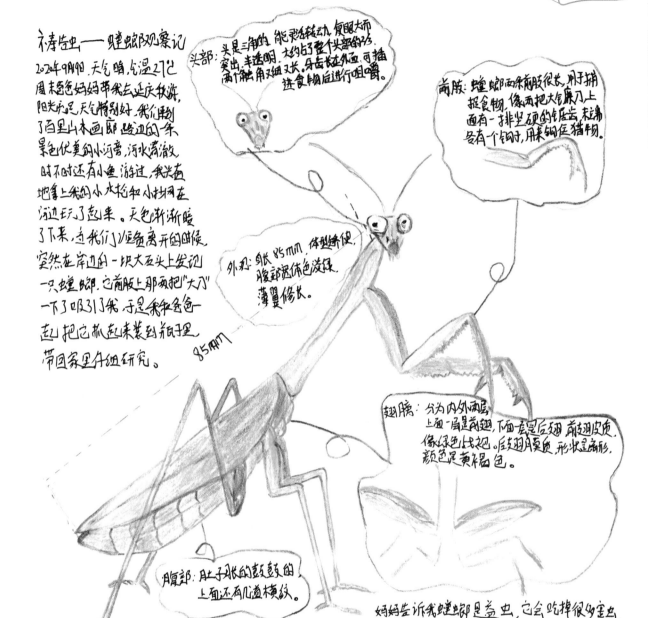

这是一幅关于螳螂的自然笔记，这个作品整体表现可以，严谨性上略显不足。这位小作者提到把螳螂捉回家进行观察，这种观察精神是可取的，但是尽量在自然条件下观察，不要把这种昆虫或小动物带回到家里面，以免它受到伤害。好在这位小作者观察之后又将螳螂放归了大自然。

螳螂捕蝉

曹悦鸣

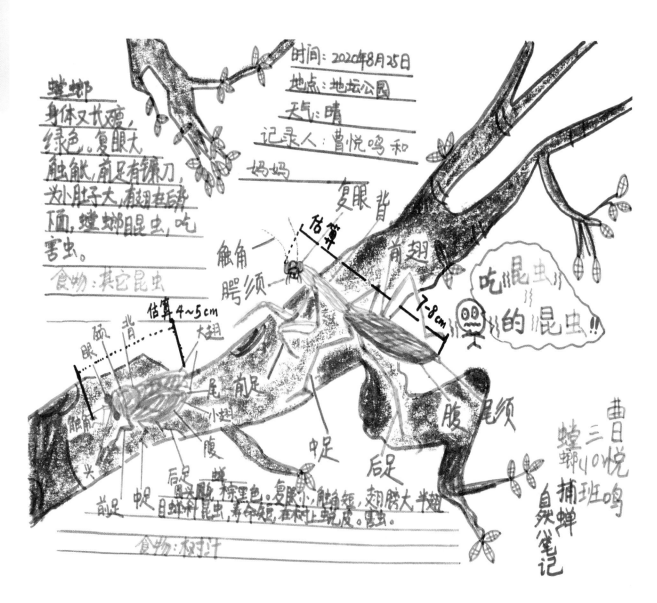

这位小作者描绘的是螳螂捕蝉。画面整体很丰富很饱满，虽然主题是螳螂捕蝉，但我们并没有在他的文字中看到螳螂是如何捕蝉的，观察本身以及观察过程的文字描述存在缺失。对这两个物种的描述也欠缺科学性，希望小作者可以继续查阅相关资料，对所记录的物种进行更深入的了解和探究。

瓢虫观察日记

◆ 邢语芃

2020年4月23日,我在单位发现了七星瓢虫和异色瓢虫成虫,我就放在盒子里养。

第二天(4月24日)我看到它产卵了,一共有37颗,都圆形黄色的有光泽的卵非常 可爱!

妈妈

4.25 黄色的卵经过12小时左右慢慢变成黑褐色然 黑色的幼虫

4.26 随着幼虫长大,我采来来树枝叶上的蚜虫喂养它们,它们的身体颜色在发生变化。

4.30 为了让它们吃得更饱,我将它们放到了室外被蚜虫危害的枣树枝上。

它们越来越大,有黄色斑纹,是不是更漂亮了?

幼虫"哇,我有口福了!"

枣树"我得救了!"

5.5 幼虫把枣树上的蚜虫吃光了,它更大了!

5.14 哇,变形了!已经结蛹了。

观察地点=北京市园林科学研究院
又变成了七星瓢虫的成虫

5.25 化蛹了!

名师点评　这是一幅关于瓢虫的自然笔记记录。作品观察得细致而完整,从卵一直到成虫到户外的放归,都进行了记录。建议小作者可以在昆虫与其他生物的关系上,以及对瓢虫的形态描述上表述得更准确一些。

王禹皓

惊心动魄捕食记

扫码看视频

动物类 ◎ 昆虫

时间：2020年8月3日
地点：北京 清缘里
天：晴．

棕污斑螳
体色为褐色
捕食小虫子

见过螳螂
吃苍蝇吗？
快来看看吧！

苍蝇

手机拍摄螳螂
正在捕食苍蝇

妈妈用手机记录了下来。

螳螂是什么样子？
脸是三角形。
举着锋利的大刀。
螳螂长得真奇怪，
生活习惯也和别的
昆虫不同。
大多数螳螂都
是绿色的，
我在小区
的草丛
里抓

了一只褐色的螳螂。

听说螳螂吃小
虫子，给它抓了一只甲壳虫，
放在饲养盒里半天没反应。
于是给螳螂抓了一只苍蝇放
在盒子里。苍蝇一直在乱飞，我想
小螳螂一定抓不到苍蝇。可是万万
没想到，我只是眨了下眼的功夫，
苍蝇就成了小螳螂大锯一般前
足下的美餐。看得我目瞪
口呆。它足足吃了一个小时！

最后只剩下一对苍蝇翅膀。

惊心动魄捕食记

名师点评　　还是一幅螳螂的自然笔记。小作者对螳螂的形态、各部分结构、颜色进行了描述，并且记录了这只螳螂捕食苍蝇的过程。美中不足是小作者缺乏对这种物种的介绍，可以通过查阅资料加以补充。

扫码看视频

音乐演奏家——蟋蟀

◆ 王梓晴

动物类 ◎ 昆虫

音乐演奏家 蟋蟀

蟋蟀，别名蛐蛐，也叫促织。身体较小，呈黑褐色，触角很长，善于跳跃。

蟋蟀的叫声是靠生长在背部的既大且极薄的羽翅振动发出的，由于翅膀的形状、大小不同，发出的声音也不同，一般两翅举的越高，发出的声音越清脆。

不过，只有好斗的雄性蟋蟀才能发出叫声，雌性是不叫的，而每只雄性蟋蟀还能发出两种完全不同的叫声，非常的神奇。

叔叔家养的油葫芦
♫ 咕噜咕噜哩
时间：2020年11月2日
地点：北京 清缘里 小区
动物名称：蟋蟀
天气：晴

咕噜咕噜哩哩……
蟋蟀的音乐是由膀发出的。

名师点评　这位小作者观察记录的是蟋蟀。蟋蟀实际上是一个统称，小作者具体观察到的是哪一种需要有具体的描述。最好能够针对这个物种做观察记录，这样能更加准确。本作品对蟋蟀发声原理进行描写，值得肯定。

夏绾心

独角仙的后半生

动物类 ◎ 昆虫

5月23日,晴
三龄幼虫
独角仙宝宝
肉乎乎的尾部
有"Y"字,是公虫。

6月10日,晴
成功进入蛹道。

明13日 家斗

数小时后,身体
变硬,进入蛹期。

独角仙的
后半生

6月27日,晴
开始羽化。

9月7日,晴
经过108天
独角仙死
了,我和妈妈
把它做成了标本。

晴 7月5日,进入成虫期,
独角仙开始吃香蕉、果冻,
它和我一样爱吃甜食。

几小时后,进入蛰伏
期,独角仙宝宝器官开始
发育。

名师点评　　这是一幅关于独角仙养殖的自然观察记录。整个独角仙的生命周期记录相对比较
完整。但有的时间节点和记录的精准性还不是很严谨。

蚂蚁观察

陆韵如

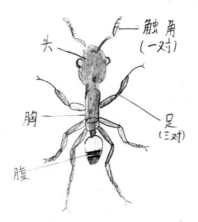

头
触角
(一对)
胸
足
(三对)
腹

时间:2020年10月7日 天气:晴 地点:北小河

我们在公园里的路边看见有一棵大杨树。在阳光下,树的颜色有深浅变化,树上坑坑洼洼的。我发现上面爬满了蚂蚁有的蚂蚁在相遇的时候,碰了碰触角。有的在搬运食物,顺着蚂蚁爬的方向我们还发现了蚂蚁窝。

名师点评 　这位小作者观察的是树上的蚂蚁,观察到蚂蚁的一些行为。蚂蚁是一个通称,这个物种它的身体结构、行为上有什么样的特点,小作者需要做更准确观察,进行更科学的描述。

动物类 ◎ 昆虫

中华萝藦肖叶甲

中华萝藦肖叶甲

昆虫纲 鞘翅目

体长≈7—13mm

触角分为9节

鞘翅有金属色，多为蓝绿色或蓝紫色。

于2020年6月6日至8月分别在通州和顺义的鹅绒藤上发现。

我通过捕捉饲养发现：

它们喜欢吃鹅绒藤的嫩叶和茎。

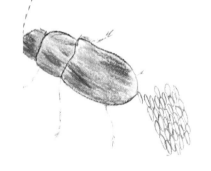

它们的一天除了吃、不动就是交配，偶尔还会装死。

它们会把卵产在盒子底部，卵为黄色，数量极多。

名师点评　这位小作者记录的是中华萝藦肖叶甲。小作者对物种的鉴定准确，对昆虫鞘翅的金属光泽的绘制也非常精准。关于昆虫食性小作者也进行了探究，发现中华萝藦肖叶甲喜欢吃鹅绒藤，从这些方面来说是值得肯定的。建议小作者在作品的整体性和完整性上再提升一些。

瓢虫 ◆ 毛一诺

瓢虫：1俗名：花大姐. 它的身体呈卵圆形, 背部拱起形成一个半球形的引瓜;色彩鲜艳具有黑黄.红色的斑点

家族：节肢动物门昆虫纲.鞘翅目瓢虫科.
主要食物：蚜虫、农作物
身长：0.8～1厘米

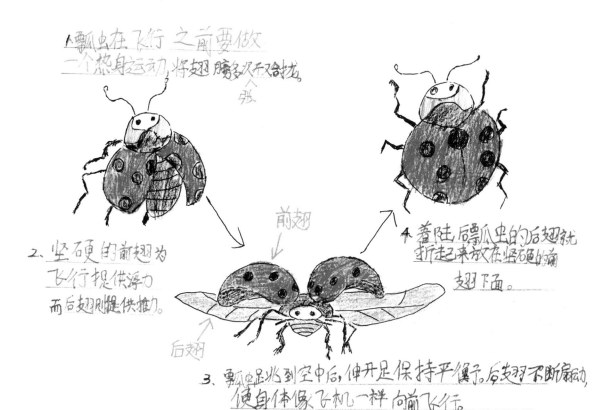

1瓢虫在飞行之前要做一个热身运动,将翅膀多次开又合拢.

2. 坚硬的前翅为飞行提供浮力而后翅则提供推力.

前翅

4.着陆后瓢虫的后翅就折起来放在坚硬的前翅下面.

后翅

3. 瓢虫跳到空中后,伸开足保持平衡,后支翅不断扇动,使身体像飞机一样向前飞行.

名师点评 　这位小作者记录的是一只瓢虫。瓢虫是一个统称，种类很多，既有植食性的，又有肉食性的，小作者的描述是比较笼统的描述，缺少对物种的真实观察。所以虽然小作者描绘得很好，比较漂亮，但是科学性应该再进一步加强。

李卓锡

世界上最有耐心的猎手

动物类 ◎ 昆虫

观察日记

时间:9月13日 星期日
地点:西山森林公园
观察动物:棕静螳

游园时,我注意到了这只螳螂,于是我拿起放大镜,观察了起来,并画了下来.

棕静螳是褐色的,虽然它的颜色并不鲜艳,可捕猎的本领却十分高明,它先是倒挂起来,目不转睛地盯着下面的猎物蟋蟀.足足待了一个多小时,它却仍然一动不动.终于,它举起刀,压住了蟋蟀.然后美滋滋地吸它内部的体液.可它的宝刀为何这么厉害呢?原来,在那上面长着许多小齿,另外,那双巨爪是向里生长的,猎物被抓住就别想脱身.这可真是一件得心应手的武器啊!

螳螂能轻盈地"飞檐走壁",都是因为它那苗条的身体和带钩状的腿了.

螳螂的"大刀"

螳螂的牙

它的腿能扒住墙壁,更好地接近猎物.别它的牙齿也能很好地咬住猎物.牙齿的内部结构也能用来吸食体液.怪不得它会让昆虫们闻风丧胆.

螳螂的腿

螳螂锁定蟋蟀

俗话说"螳螂捕蝉,黄雀在后".不一会儿,我就看到了它"以小胜大"的事例.这一次它盯上了那只最大的蟋蟀.同样,它再次倒挂在墙上头随着蟋蟀来回转动.当它来到螳螂的正下方时,螳螂"唰"地从上方落了下来,扬起大刀.可怜的蟋蟀一点防备也没有,只能乖乖当螳螂的盘中餐了.

名师点评　　这位小作者做的是棕静螳的自然观察记录。记录的时间地点准确,对物种的个体、形体、颜色的描述也比较准确。作为低年级小同学的作品是值得肯定的。

荷花上的蜻蜓

◆ 胡婉玥

动物类 ◎ 昆虫

图1

2020年7月10日 多云 ～～

7月10日，天空中飘来了一片乌云，那时，我正在公园里玩。突然，我发现，在一朵还没开的荷花上，有一只蜻蜓正一动不动地停在荷花上。我先拍了几张照片，然后又观察了一会儿，它居然一点反应都没有。（如图1）

丰台五小科技校区
三(4)
2020.9.23
胡婉玥

这只蜻蜓的眼睛跟头部都是黑色的，它的腹上有白色还有一点黑色。翅膀是透明的却有一点灰色。它尾部的前半截儿是白色的，靠后的一截儿是淡蓝色的，最后一截儿是黑色的。（如图2）

图2

有白色还有一点黑
眼睛黑色
白色
黑色
蓝色
黑色
透明，有点灰色

名师点评　　这是一幅荷花与蜻蜓的自然笔记。通过照片可以看出这是一只异色灰蜻，环境描述准确。希望小作者能在以后的观察过程中更准确抓住其行为特点加以描述。

张一川

蜻蜓观察记录

2020年10月25日 今天我发现了一只蜻蜓，它有非常大的眼睛，我觉得可能会帮助它看到更多东西，找到更多食物。它的翅膀很长，我想能让蜻蜓飞得更快。细细的身子能减轻体重，飞得不会太累。颜色跟大自然一样，不容易被发现。六只脚还是钩形，在陡峭的地方还能站得很稳。

时间：2020年10月25日 下午
地点：东郊湿地公园
天气：晴

名师点评　这幅作品是小作者对他所拍到的一只蜻蜓进行的自然笔记。时间、地点、环境比较准确。建议小作者对这只蜻蜓做更多的细节观察，从形态和结构特点上进行描述。

蝈蝈

胡诗晓

右佳：性有翅介体在前翅附近有发音器,通过左右两翅摩擦而发音。

蝈蝈蝈为三大鸣虫之首
全身鲜绿色
触角褐色,丝状长度超过身体,复眼椭圆形。

〔x昌平习〕
·白浮村
多云 9月30日

蝈蝈属杂食性,主要以捕食昆虫及田间害虫为生,是捕捉害虫的能手!

蝈蝈具有发达的跳跃式后肢,当遇到危急时,快速弹跳逃跑是它们自保的方法。

名师点评　　这位小作者记录的是一只蝈蝈。对蝈蝈的形态特征和生活习性进行了描述。希望小作者能够到自然中进行更多的观察。

动物类 ◎ 昆虫

谢诺一

昆虫世界里的四不像——蜂鸟鹰蛾

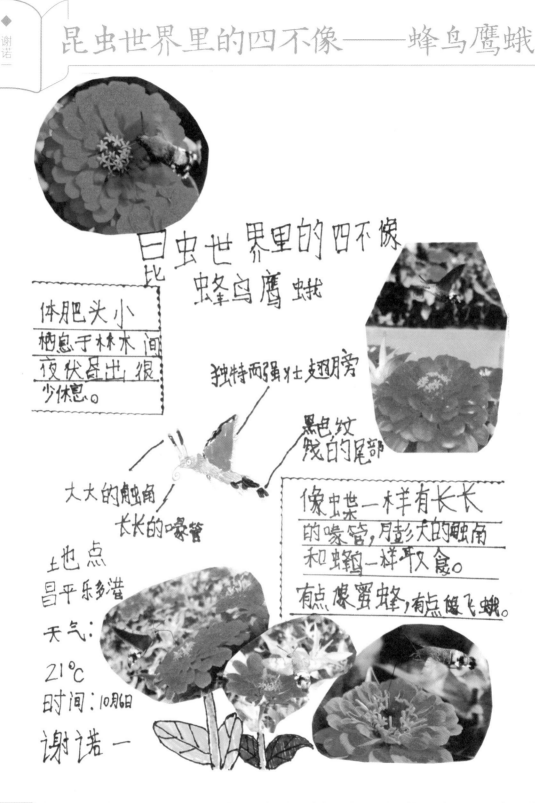

昆虫世界里的四不像
蜂鸟鹰蛾

比

体肥头小
栖息于林木间
夜伏昼出,很
少休息。

独特两强壮翅膀

黑色纹
戏的尾部

大大的触角
长长的喙管

像虫柴一样有长长
的喙管,月彭大的触角
和蝴一样取食。

有点像蜜蜂,有点像飞蛾。

地点
昌平乐多港
天气:
21℃
时间:10月6日
谢诺一

　这位小作者记录的是一只长喙天蛾。小作者对昆虫的形态特征描述以及各部分的
颜色特点记录比较的准确,并且配了相应的图片说明。但我们希望小作者能够查阅多
一些资料,用更精准科学的词以及方式来记录物种,以此增加科学性。

扫码看视频

使用段

◎ 4～6年级组

動物类◎昆虫

蚕的故事

李佳时

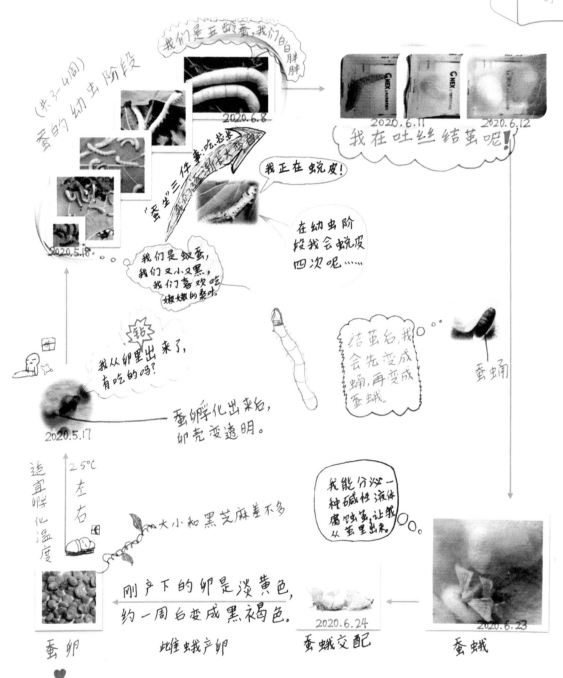

名师点评

　　这位小作者记录的是养蚕的过程。整个记录非常全面，5月18日开始养蚕，从一龄蚕开始一直到五龄蚕，每一个阶段都用照片记录下来，并且对每一个阶段都有简要的记录。总的来说，这幅自然笔记比较全面地记录了小作者亲自来饲养动物的过程，建议画面表现方式可更为丰富。

67

徐梓诚

发现蝈蝈

动物类◎昆虫

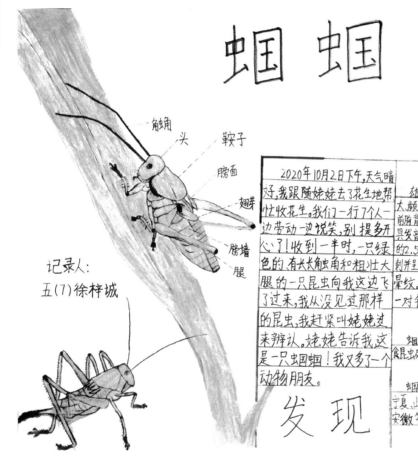

蝈蝈

中文学名: 短翅鸣螽
拉丁学名: Tettigoniidae
别名: 螽斯、油子、聒聒、螽斯儿
目: 直翅目　亚目: 长角亚目
科: 螽斯科　门: 节肢动物门
纲: 昆虫纲　命名者及时间: Krauss, 1902年

触角 头 鞍子
膀面
翅芽
膀墙
腿

记录人:
五(7)徐梓城

2020年10月2日下午,天气晴好,我跟随姥姥去了花生地帮忙收花生。我们一行7个人一边劳动一边说笑,别提多开心了!收到一半时,一只绿色的有长长触角和粗壮大腿的一只昆虫向我这边飞了过来,我从没见过那样的昆虫,我赶紧叫姥姥过来辨认。姥姥告诉我这是一只蝈蝈!我又多了一个动物朋友。

外形特征
雄虫体长35-41毫米,雌虫40-50毫米,全身鲜绿或黄绿色。头大颜面近平直;触角褐色,丝状,长度超过身体;复眼椭圆形,前胸背板发达,盖住中、后胸,呈盾形。前翅各脉褐色,雄虫翅短具发音器;雌虫具有翅芽,腹末有马刀形产卵管,长约为前胸长的2.5倍,听腔节基部具听器,3对足的腿节下缘有黑色短刺并呈锯齿状。后足发达,善跳跃,腿节上常有褐色纵走晕纹。牙尖紫红,两个复眼前方有三个单眼。胸部腹板各有一对锥状刺,后胸的最大。

食性
蝈蝈属杂食性,肉食性强于植食性。天然蝈蝈主要以捕食昆虫及田间害虫为主,是田间的卫士,是捕捉害虫的能手!

分布
蝈蝈分布于河北、河南、黑龙江、吉林、辽宁、内蒙古、宁夏、山西、甘肃、湖南、广东、广西、江西、陕西、山东、江苏、安徽等全国各大省市。

发现

名师点评　这是一幅描绘蝈蝈的自然笔记作品。小作者发现并观察了在田间的蝈蝈,昆虫的各部位都画得很清晰。建议在做自然观察的时候,尽量通过自己的观察并应用一些工具,对所观察的对象进行形态记录,避免将查阅到的资料直接呈现在作品上。

披着彩虹色盔甲的昆虫——彩虹锹甲虫

孟想

动物类◎昆虫

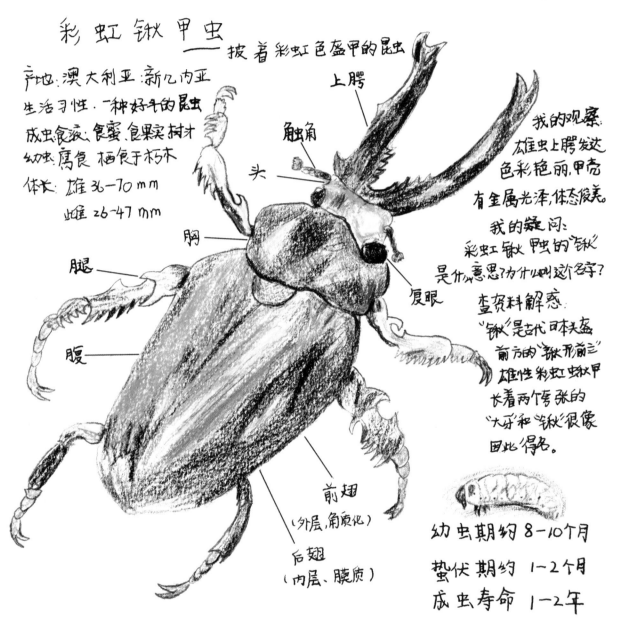

彩虹锹甲虫
——披着彩虹色盔甲的昆虫

产地：澳大利亚·新几内亚
生活习性：一种好斗的昆虫
成虫食液：食蜜·食果实树汁
幼虫：腐食 栖食于朽木
体长：雄 36~70mm
　　　雌 26~47mm

上腭
触角
头
胸
复眼
腿
腹

我的观察：
雄虫上腭发达
色彩艳丽，甲壳
有金属光泽，体态俊美。
我的疑问：
彩虹锹甲的"锹"
是什么意思？为什么叫这个名字？
查资料解惑：
"锹"是古代日本头盔
前方的"锹形前立"
雄性彩虹锹甲
长着两个夸张的
"大牙"和"锹"很像
因此得名。

前翅
(外层，角质化)
后翅
(内层、膜质)

幼虫期约8~10个月
蛰伏期约 1~2个月
成虫寿命 1~2年

名师点评　这幅自然笔记记录的是一只彩虹锹甲。从画的角度上来讲小作者运用的颜色非常鲜艳，能够体现出彩虹锹甲虫的鞘翅是具有明显的结构色的。建议小作者对彩虹锹甲为什么会出现这种彩虹样的色泽进行思考和探究。这种昆虫作为一个宠物，它的原产地并不是在中国，所以缺乏物种本土性。我们更鼓励小作者们到自然界中去对本土生物进行观察。

蜂鸟鹰蛾

动物类 ◎ 昆虫

蜂鸟鹰蛾
白天活动
口器是长长的喙管
触角尖端膨大
翅膀艳彩缤纷美丽夺目
前翅灰褐色，饰有黑色纹线

秋英
高1.5米左右
叶二次羽状采裂
裂片线形或丝状线形
总苞片外层披针形

名师点评 这是一幅关于长喙天蛾的自然笔记作品。绘画细节表现到位，描绘相对准确。蜂鸟鹰蛾的中文正式名是小豆长喙天蛾，在北京地区是比较常见的一个日行性鳞翅目昆虫，其最大的特点就是口器非常的长，所以如果小作者能够把昆虫的口器表现的准确一些，作品整体表现会更好。建议增加关于自己在观察的过程中产生的所思所想和心得体会。

时间：8月15日
地点：朝阳公园
天气：晴
记录人：张浩钧

条螽 (zhōng)

条螽，又名露螽、梅雨虫、点绿螽，属直翅目螽斯科鸣虫。其形状与脊螽相似，体形细狭长，体长15～20毫米，从头顶上至翅端可达35～40毫米。此昆虫触须黄色或黄褐色。后翅长而发达，叠在前翅下面，并起超出前翅。栖息于林地环境或农田。

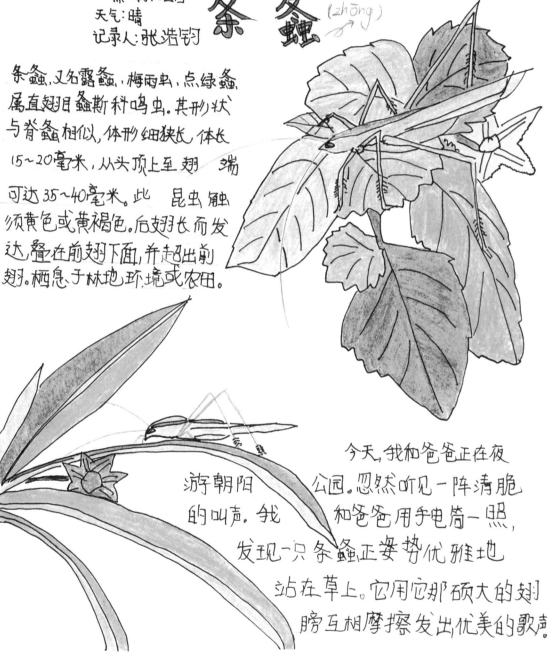

游朝阳的叫声，我

今天，我和爸爸正在夜公园。忽然听见一阵清脆和爸爸用手电筒一照，发现一只条螽正姿势优雅地站在草上。它用它那硕大的翅膀互相摩擦发出优美的歌声。

名师点评 　这位小作者记录的是一只螽斯。螽斯的栖息环境以及螽斯的体型特征描绘比较准确，观察时间也比较符合螽斯这一类昆虫的行为特点。如果在绘画的角度上对昆虫的细节有更深入的描写，会是一幅更好的自然笔记作品。

动物类 ◎ 昆虫

江语桐

蜂巢研究

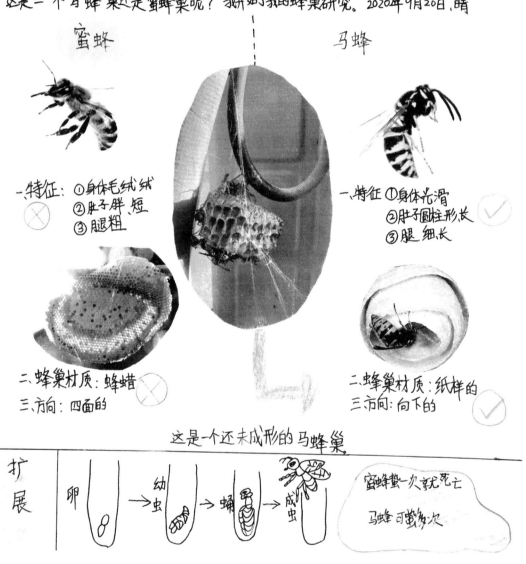

蜂巢研究

在我家阳台的空调室外机上有个蜂巢,我每天看着蜂出出进进很忙碌,我很好奇,这是一个马蜂巢还是蜜蜂巢呢? 我开始我的蜂巢研究。2020年9月20日,晴

蜜蜂

马蜂

一、特征:①身体毛绒绒
②肚子胖、短
③腿粗 ⊗

一、特征 ①身体光滑
②肚子圆柱形长 ✓
③腿 细长

二、蜂巢材质:蜂蜡 ⊗
三、方向:四面的

二、蜂巢材质:纸样的
三、方向:向下的 ✓

这是一个还未成形的马蜂巢。

扩展　卵 → 幼虫 → 蛹 → 成虫

蜜蜂蜇一次就死亡
马蜂可蜇多次

名师点评　　这幅自然笔记作品是对蜂巢的研究,这位小作者在家中的空调室外机上发现了一个蜂巢,对这个巢产生了到底是马蜂巢还是蜜蜂巢的疑问。于是他查阅资料,通过与资料的比较,最终确定了这是一个马蜂巢,体现出科学探究的过程。如果能够对这两种生物再做一些更细致和持续的观察,比如说马蜂是怎么来建巢的,这样能够让这个记录更加体现持续性。

蜂鸟鹰蛾记录

◆ 钟梓涵

动物类◎昆虫

自然笔记

蜂鸟鹰蛾

颜色是棕色系的，有浅棕色，深棕色，褐色，黄色和橙色，美丽炫目。

身段的形状和条纹都很像蜜蜂

经观察它在秋天采蜜，查资料后得知它也在夏天采蜜

触角呈黑褐，细细长长，尖端膨大

口器是长长的喙管，可以吸取花蜜 还会发出清晰可闻的嗡嗡声

₩ 夜伏昼出，辛勤劳动。取食时，它在花丛中盘旋

？？？？？？？
开动脑筋吧！
请问蜂鸟鹰蛾春天和冬天吃什么？
？？？？？？？？？

昆虫界的"四不像"你了解了吗？

名师点评　这幅自然笔记记录了长喙天蛾。作品本身没有给所观察的物种标注准确的中文正式名，如果能够对它进行更细致的文献查询，进行物种鉴定会让作品更加科学准确。

73

植物类

杨旸劭辉

百日草笔记

植物类◎草本

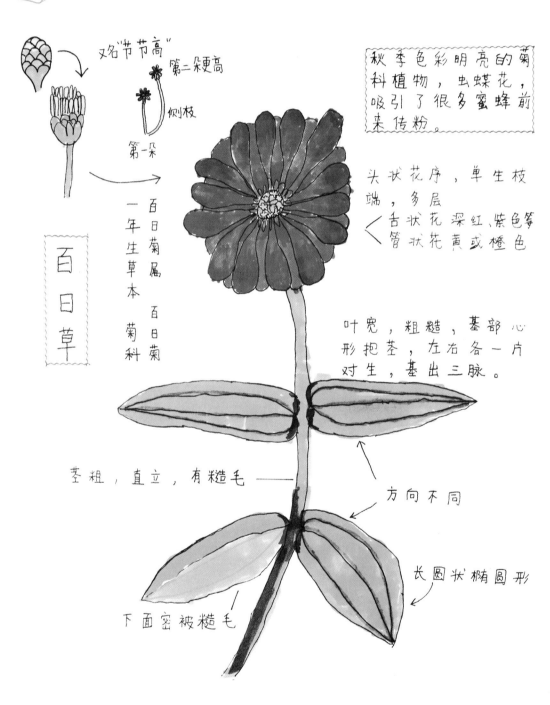

又名"节节高"

第二硬高

侧枝

第一朵

一年生草本 菊科

百日菊属 百日菊

百日草

秋季色彩明亮的菊科植物，虫蝶花，吸引了很多蜜蜂前来传粉。

头状花序，单生枝端，多层
＜舌状花深红、紫色等
管状花黄或橙色

叶宽，粗糙，基部心形把茎，左右各一片对生，基出三脉。

茎粗，直立，有糙毛————

方向不同

长圆状椭圆形

下面密被糙毛

名师点评　这幅自然笔记作品记录的是百日菊。作为一位学前小朋友，能够把百日菊这种菊科植物的头状花序、舌状花、管状花表现出来，已经是相当的完整了。小作者注重细节的观察，特征描述得非常准确，整体是一幅很优秀的自然笔记作品。

裂叶堇菜观察记录

辛坤晓

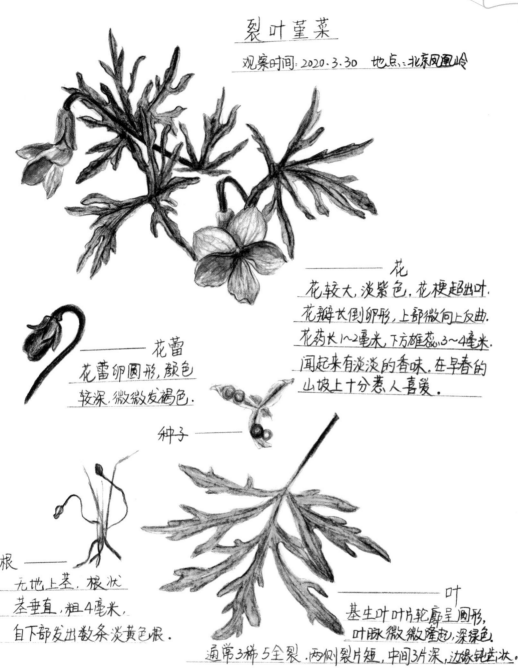

裂叶堇菜

观察时间：2020.3.30　地点：北京凤凰岭

花

花较大，淡紫色，花梗超出叶。花瓣长倒卵形，上部微向上反曲。花药长1~2毫米，下方雄蕊3~4毫米。闻起来有淡淡的香味。在早春的山坡上十分惹人喜爱。

花蕾

花蕾卵圆形，颜色较深，微微发褐色。

种子

根

无地上茎，根状茎垂直，粗4毫米，自下部发出数条淡黄色根。

叶

基生叶叶片轮廓呈圆形，叶脉微微隆起，深绿色。通常3栉5全裂，两侧裂片短，中间3片深，边缘钝齿状。

名师点评　　这位小作者记录的是裂叶堇菜。首先，裂叶堇菜作为一种早春开花的野生植物，在北京的中低山区域分布。裂叶堇菜的叶子成全裂，这位小作者抓住了本植物的这个特点，从叶、花以及果实三个器官对植株进行描述，整个作品看起来非常清新干净。

紫斑风铃草

植物类◎草本

2020年8月20日，晴16℃～25℃，河北省承德市兴隆县雾灵山
第一次在树林间看见紫斑风铃草，原来这就是《一年级大个子
二年级小个子》书中正也克服恐惧为朋友秋代采的她最爱
的紫斑风铃花！真的，花如其名，形状如铃铛的花朵
有点点的紫色斑块。老   师告诉我们它生长在山地
林中灌木丛和草地中。   它   喜欢夏季凉爽、

冬季温和的气候，
喜欢光照
充足的环境，
喜干而耐旱。

紫斑风铃草

花顶生于主茎及
分枝顶端，下垂

花萼 裂片长三角形

别名：灯笼花、吊钟花
科属：桔梗科风铃草属

细长而横走的根状
茎。茎直立，粗大。

花冠白色带紫斑
筒状
钟形

花期6～9月

花蕊

基生叶心状卵形
茎生叶三角状卵形
至披针形。边缘
有不整齐钝齿。

北师大奥小 四小 闫笑笑

名师点评   这位小作者记录的是紫斑风铃草，在北京地区的野外是一个比较有代表的物种。
小作者对特征的描述比较准确，特别是花筒内部的紫色斑点，以及花蕊的描画很到位。
整体来说，本作品描述准确到位，是一幅较好的自然笔记作品。

多肉 ◆ 高原森

植物类◎草本

② 克里克特寿（贝叶寿）

种子:　肉约0.05cm

花朵:　花苞1cm　0.7cm　8cm　茎很长，上面有小叶片。　4mm

时间：2020.8.14
地点：爱心小屋内
记录人：高岳森

贝叶寿（Haworthia bayeri J. D. Venter & S. A. Hamer）是阿福花科瓦苇属的多生植物。多肉植物。植株无茎，肉质叶莲状排列。
叶片肥厚，形似贝壳，叶面粗糙、有很小的颗粒状突起，叶色深绿色，稍透明，有灰白色网纹线条。

生长环境：
喜温暖干燥和半阴环境。不耐寒，怕高温和强光。

植株

克里克特寿（贝叶寿）植株图

叶片:　2.5cm　1cm　1.5cm
叶里深绿色
叶片：厚厚的，从叶上能看见里面的肉。

种植工具:　泥土
花盆　水壶　石子　约0.5cm

名师点评

这幅自然笔记是对番杏科生石花属以及阿福花科瓦苇属多肉的记录。小作者对家里养的两种不同类别的多肉植物，从种子一直到长大开花的整个过程进行观察，并进行了详细的记录。绘制比较精美，色彩绘画技巧方面表现得比较好。

新满鹭

植物类◎草本

全副武装的王莲

时间：2019年9月30日
地点：中国科学院西双版纳热带植物园
天气：晴　记录人：新满鹭

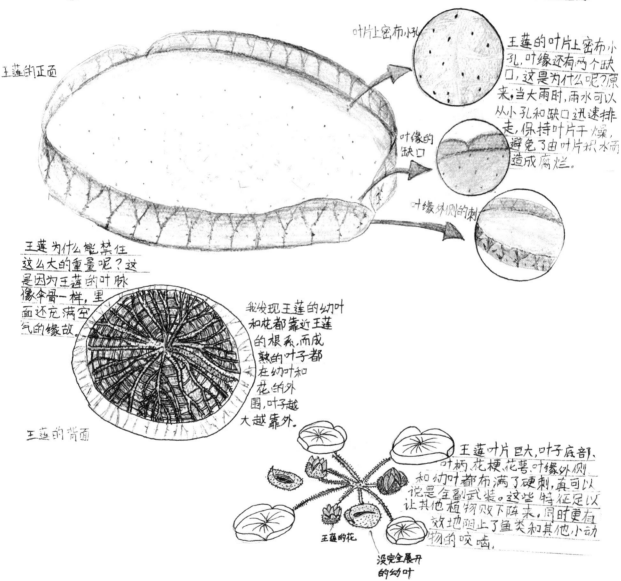

王莲的正面

叶片上密布小孔

王莲的叶片上密布小孔，叶缘还有两个缺口，这是为什么呢？原来，当大雨时，雨水可以从小孔和缺口迅速排走，保持叶片干燥，避免了由叶片积水而造成腐烂。

叶缘的缺口

叶缘外侧的刺

王莲为什么能禁住这么大的重量呢？这是因为王莲的叶脉像伞骨一样，里面还充满空气的缘故。

王莲的背面

我发现王莲的幼叶和花都靠近王莲的根系，而成熟的叶子都在幼叶和花的外围，叶子越大越靠外。

王莲的花

没完全展开的幼叶

王莲叶片巨大，叶子底部、叶柄花梗花萼、叶缘外侧和幼叶都布满了硬刺，真可以说是全副武装。这些特征足以让其他植物败下阵来，同时更有效地阻止了鱼类和其他小动物的咬啮。

名师点评　这幅自然笔记记录的是小作者在去西双版纳植物园游玩时看到的王莲，整个作品有细节有整体。画面上既有整株的形态，又有解剖式的细节记录，如王莲的叶脉交织成一个大网。无论是从植物本身的形态描述还是绘画表现都比较完整。

盛开的荷花

彭思诚

植物类◎草本

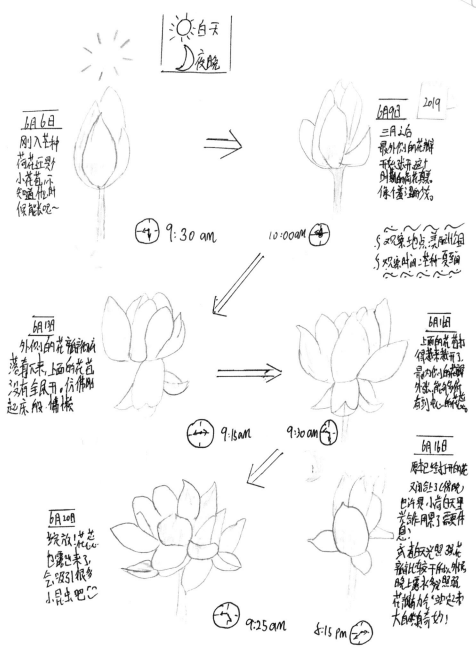

名师点评　　这位小作者的笔记最显著的优点就是对记录对象进行了持续性观察，将不同时间点植物所表现出来的特征记录了下来。他对一朵荷花从刚露出花苞开始，一直到盛开进行了一个持续的观察，并把他观察到的细节做了描述。自然笔记更多的时候需要持续性观察，观察得越仔细，时间越长，才能对要记录的植物和动物有更深刻的了解。建议小作者在日后的自然观察、记录中可以加强专业知识的积累，提高语言的科学性。

杨梓涵

荷花自然观察

植物类◎草本

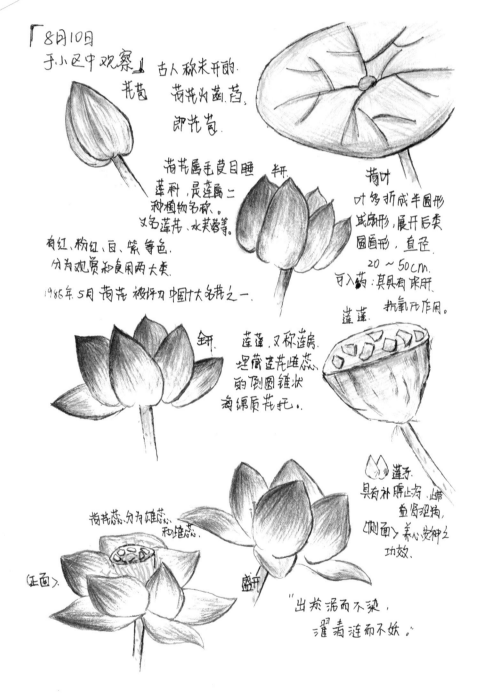

「8月10日
于小区中观察」

古人称未开的
荷花为菡萏,
即花苞.

花苞

荷花属毛茛目睡
莲科,晨莲属二
种植物名称,
又名莲花、水芙蓉等.

有红、粉红、白、紫等色.
分为观赏和食用两大类.
1985年5月荷花被评为中国十大名花之一

半开

荷叶
叶多折成半圆形
其扇形,展开后类
圆盾形,直径
20~50cm.
可入药:其具有凉肝、
抗氧化作用.

莲蓬
莲蓬,又称莲房,
埋藏连花雌蕊
的倒圆锥状
海绵质花托.

钿

莲子
具有补脾止泻、
益肾涩精、
(侧面)养心安神之
功效.

荷花蕊,分为雄蕊
和雌蕊.

(正面)

盛开

"出淤泥而不染,
濯清涟而不妖。"

名师点评　这幅自然笔记作品画的比较漂亮，小作者通过认真观察，对荷花的形态有了准确的认知，并通过查阅资料了解到荷花基础知识和应用价值。这种观察记录和知识学习相结合的自然观察方式非常值得大家借鉴。如果小作者能更加详细标注每次观察时间及气候等，则会为欣赏作品的人提供更多有用信息。

植物的花瓣数是否符合斐波那契数列?

王心泽

植物类 ◎ 草本

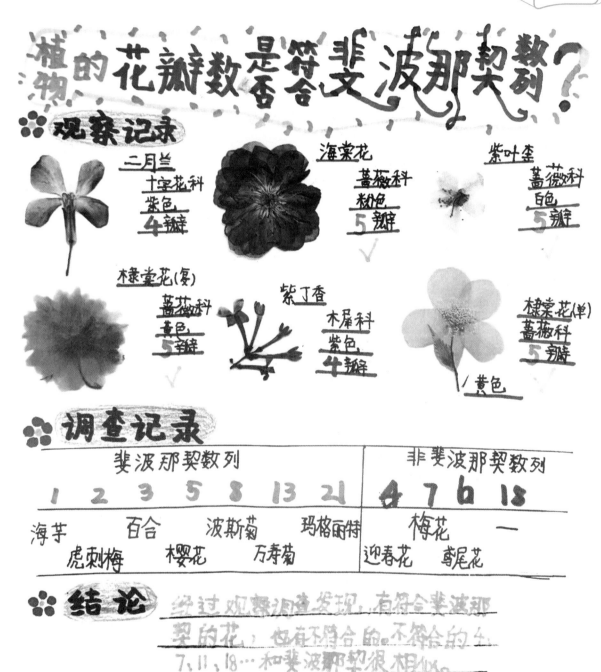

植物的花瓣数是否符合斐波那契数列?

观察记录

二月兰 十字花科 紫色 4瓣

海棠花 蔷薇科 粉色 5瓣

紫叶李 蔷薇科 白色 5瓣

棣棠花(复) 蔷薇科 黄色 5瓣

紫丁香 木犀科 紫色 4瓣

棣棠花(单) 蔷薇科 5瓣 黄色

调查记录

斐波那契数列							非斐波那契数列			
1	2	3	5	8	13	21	4	7	6	18
海芋		百合	波斯菊		玛格丽特		梅花		一	
虎刺梅		樱花		万寿菊			迎春花	鸢尾花		

结论

经过观察调查发现,有符合斐波那契的花,也有不符合的。不符合的4、7、11、18…和斐波那契很相似。

名师点评 　小作者对植物花瓣的排列方式产生了好奇心,所以他将多种植物的花做成了压花,并进行了观察,之后得到了结论——并不是所有的植物都是以斐波那契数列进行排列的,这种具有探究精神的作品值得鼓励。

朱语乐

铜钱草观察

植物类◎草本

天冷的时候,生长
就会变慢很多,叶
片厚一些、圆胖些

时间2020年10月20日 晴

地点：家里 室内.

家里的铜钱草养一年了.是小姨买回来的.
刚来的时候,它很小,小到只有须和根.
经过一个月的生长,小小的根长出圆圆小
小的绿叶子.茎和叶子都是绿绿的.叶
子就像一个个小铜钱,夏天的时候
也会开花,花就像小米穗一样,有点黄白色.

刚来时的样子
弯弯曲曲的,有点像
虫子.

开花的铜
钱草.

朱语乐

名师点评　　这位小作者记录了家中种植的铜钱草。植物的形态画的比较准确。小作者将铜钱
草从买来时候的样子到开花时候的样子，都做了持续的观察。包括天冷的时候铜钱
草的叶子会变得稍微厚一些，圆胖一点，这种特点小作者也观察到了。如果适当增加一
些物种的科学介绍会让作品变得更完整。

芦苇

芦苇

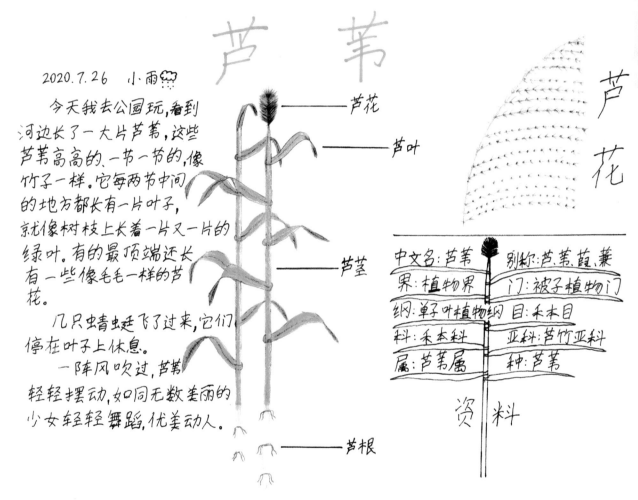

2020.7.26 小雨

　　今天我去公园玩,看到河边长了一大片芦苇,这些芦苇高高的,一节一节的,像竹子一样。它每两节中间的地方都长有一片叶子,就像树枝上长着一片又一片的绿叶。有的最顶端还长有一些像毛毛一样的芦花。

　　几只蜻蜓飞了过来,它们停在叶子上休息。

　　一阵风吹过,芦苇轻轻摆动,如同无数美丽的少女轻轻舞蹈,优美动人。

芦花 —— 芦花

芦叶 —— 芦叶

芦茎 —— 芦茎

芦根 —— 芦根

中文名:芦苇	别称:芦苇,葭,蒹
界:植物界	门:被子植物门
纲:单子叶植物纲	目:禾本目
科:禾本科	亚科:芦竹亚科
属:芦苇属	种:芦苇

资料

名师点评　　这是一幅关于芦苇的自然笔记,整体来讲对植物整体形态的把握比较准确。小作者有自己的观察记录,也有资料的查询,是一幅较好作品。

紫茉莉观察

名师点评　这是一幅关于紫茉莉的自然笔记作品，小作者将紫茉莉从开花到花谢以及结实的过程都记录了下来，每个阶段的特征描述很形象。小作者的文字表述有些欠缺，随着年龄增长一定会不断地提高。

紫茉莉

植物类 ◎ 草本

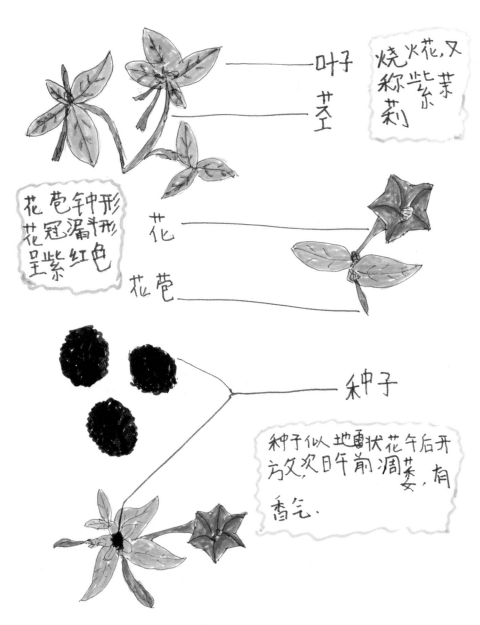

叶子

茎

烧火花,又称紫茉莉

花苞钟形
花冠漏斗形
呈紫红色

花

花苞

种子

种子似地雷状花午后开放又次日午前凋萎,有香气.

名师点评 　同样是关于紫茉莉的自然笔记。在绘画的形态上准确度比较高,但科学性上精准的描述还有待加强。

◆ 朱辰曦

鬼针草自然观察

植物类◎草本

时间:2020.10.17 记录人:朱辰曦
地点:牛山公园 它的茎一节一节的
山坡
天气:晴

鬼针草

像耳朵一样

像一个小刺球

像老爷爷的胡须一样

名师点评 　这是一幅关于鬼针草的自然笔记。整体采用照片的方式进行了记录。建议小作者增加细节观察和思考，比如鬼针草果实前端的刺状结构有什么用途，鬼针草是如何传播种子的。

南瓜

◆ 曹庆轩

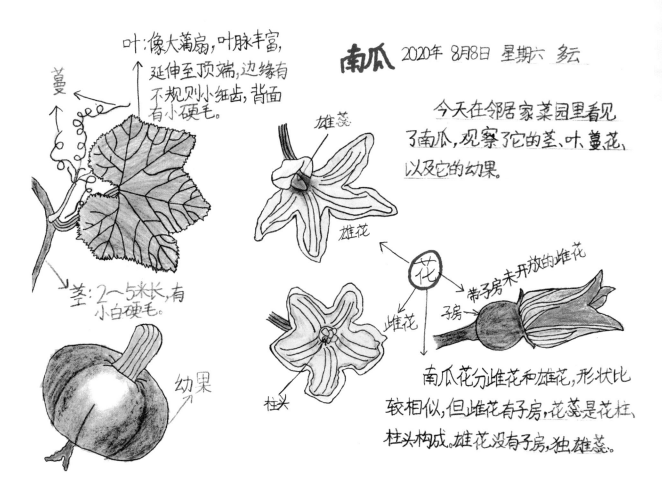

叶:像大蒲扇,叶脉丰富,延伸至顶端,边缘有不规则小细齿,背面有小硬毛。

蔓

茎:2～5米长,有小白硬毛。

幼果

雄蕊

雄花

花

雌花

柱头

带子房未开放的雌花

子房

南瓜 2020年 8月8日 星期六 多云

今天在邻居家菜园里看见了南瓜,观察了它的茎、叶、蔓花,以及它的幼果。

南瓜花分雌花和雄花,形状比较相似,但雌花有子房,花蕊是花柱、柱头构成。雄花没有子房,独雄蕊。

名师点评　　这是一幅关于南瓜的自然笔记,作品整体非常漂亮。小作者的观察很细致,对南瓜的茎、叶、花、果实进行了描述。南瓜是一种雌雄异花的植物,小作者观察到了雌、雄花的形态差别,但要指出的是,雌花下半部分并非子房,而是子房与花托的联合体。

扫码看视频

植物类◎草本

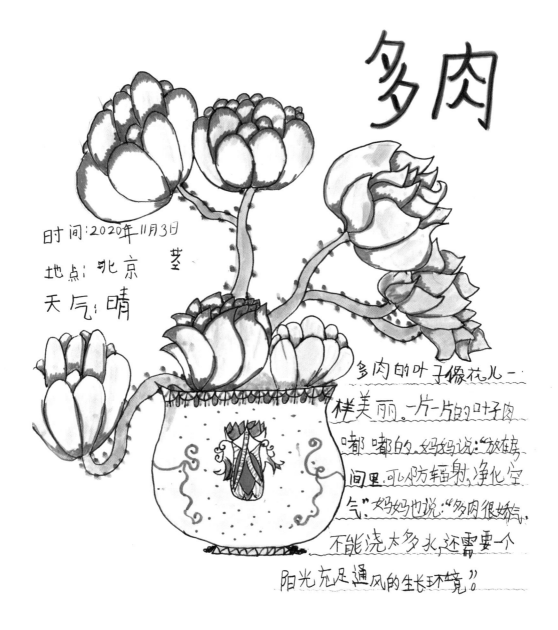

多肉

时间：2020年11月3日
地点：北京   茎
天气：晴

多肉的叶子像花儿一样美丽。一片一片的叶子肉嘟嘟的。妈妈说："放在房间里，可以防辐射，净化空气。"妈妈也说："多肉很娇气，不能浇太多水，还需要个阳光充足通风的生长环境。"

名师点评   这幅作品是盆栽多肉的自然笔记。作品的色彩表现及构图都比较好，在作品中表现了不同种的植物，每种植物的特征鲜明。建议小作者增加自身的观察、思考或者是查阅资料后的科学性表达。

初秋的芙蓉葵

◆ 严瑾思

植物类◎草本

9月20日，天气晴朗，找去了京城森林公园。小路两边长满了多姿多彩的芙蓉葵。

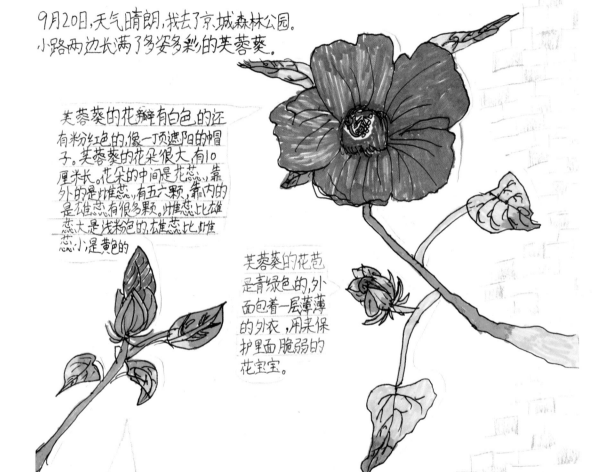

芙蓉葵的花瓣有白色的还有粉红色的，像一顶遮阳的帽子。芙蓉葵的花朵很大，有10厘米长，花朵的中间是花蕊，靠外的是雌蕊，有五六颗，靠内的是雄蕊有很多颗。雌蕊比雄蕊大是浅粉色的，雄蕊比雌蕊小，是黄色的。

芙蓉葵的花苞是青绿色的，外面包着一层薄薄的外衣，用来保护里面脆弱的花宝宝。

芙蓉葵的花骨朵尖尖的，有我的食指那么长。花骨朵是深粉的，身上还印着一条条白色的线条，像春天里从地里冒出来的小笋尖。

芙蓉葵的花朵成熟以后，会变的很硬，很脆。外壳变成了棕褐色。种子一颗颗都圆滚滚的，像一粒粒黑色的小珠子。

名师点评　　这是一幅关于芙蓉葵的自然笔记。小作者主要围绕着芙蓉葵的花进行观察。从花苞的形态、大小到盛开的花朵，都进行了细致的观察。在描述中融入了自己的思考，从植物结构与功能的角度来介绍，是非常值得肯定的。

王沐恩

羞涩的含羞草

时间：2020年10月1日
地点：北京植物园
天气：晴 ☀

xiū sè de hán xiū cǎo
羞涩的含羞草
观察人：王沐恩

学名：含羞草
目：蔷薇目
科：豆科
界：植物界
门：被子植物门
纲：双子叶植物纲

茎：基部木质化、
有着长而软的毛、
尖锐的刺

张开的羽状叶片

合上的叶片

周末来到了植物园温室花卉斤，印象最深刻的是含羞草。

它们有高有矮。矮的20厘米，高的80厘米左右。绿油油的叶子像撑开的手掌。
你只要轻轻触动它，它就闭合起来垂下去。遇上暴雨、大风、夜晚也是会合
上叶片的，真是有自我保护意识的"羞涩之草"。

名师点评　　这是一幅记录含羞草的自然笔记。作品中小作者做了基础的观察，对含羞草茎、
叶作了细致描述，趣味性比较强。从科学的观察角度来讲，如含羞草闭合是从上到下
还是从碰触点，这些可以做更深入的探究，使笔记更体现科学性。

萱草的一天

◆ 陈可

萱草
Hemerocallis fulva

黄脂木科
萱草属
丹棘
川草花
花果期:5~7月.

萱草的一天

花其月一天
5点左右含苞
12点盛开
18点凋谢

多年生草本
夏季开橘黄
色大花
花长7~12cm
花被基部粗
漏斗状,长达2.5cm,花被六片。

雄蕊6.
花丝长
花柱细长

5:00   12:00   18:00

名师点评　　这是一幅关于萱草的自然笔记。这位小作者通过持续的观察,记录了一朵萱草花从早上5点一直到下午6点从开放到闭合的全过程,这是自然笔记非常提倡的一种表达方式。建议增加对植物整体的观察与描述,使内容更加完整。

任俊达

可爱的小植物

可爱的小植物

2020年9月1日　晴　丰台科技园生态主题公园内

今天，我在公园里发现了一种可爱的小植物。它开着白色的五个瓣花，结的果实圆圆的有绿色有紫色，几果颗长在一起，像一个个迷你的小番茄。

原来这种植物叫龙葵草，不仅可以吃还能入药，没想到小小的植物却有大大的作用呢！

紫色果实已成熟

白色小花
五瓣、黄蕊

绿色果实 未成熟

名师点评　这位小作者记录的是龙葵。从绘画的角度上来讲，植物的形象非常鲜明，让读者一眼就能看出这种植物的识别特征。从描述的角度上来讲，对处于不同生长状态下的植物进行介绍，作为低年级的小朋友也是值得称赞的。

白茄子观察

◆ 杨佳

时间：10月7日
地点：鸿博家园六区12号楼
天气：天气晴
观察人：杨佳
观察对象：白茄子

这是我自己亲手种的白茄子，我每天都
会仔细地观察它，不过我今天发现
它结了好几个大小不一的白茄子，我又给它来了一次"特写"

果然"功夫不负有心人"，我这几天坚持
给它喷杀虫剂，施肥，浇水。它长的
枝繁叶茂，好像在对我说"主人主人，
你看我长的多棒，我一定不会辜负你的
期望，长的又高又壮，以后结出好多好
多茄子给您吃。"

同时，白茄子的用
处也特别多，
可以炒菜
可以观赏
可以药用(祛玫王，
美容 治疗风湿关节痛

我的浑身
上下可都
是宝！

名师点评　　这是一幅记录茄子栽培过程的自然笔记。小作者自己种植、观察、记录，并查
阅了一些资料。美中不足的是，一篇生长观察记录，最好要体现周期的完整。

扫码看视频

植物类 ◎ 草本

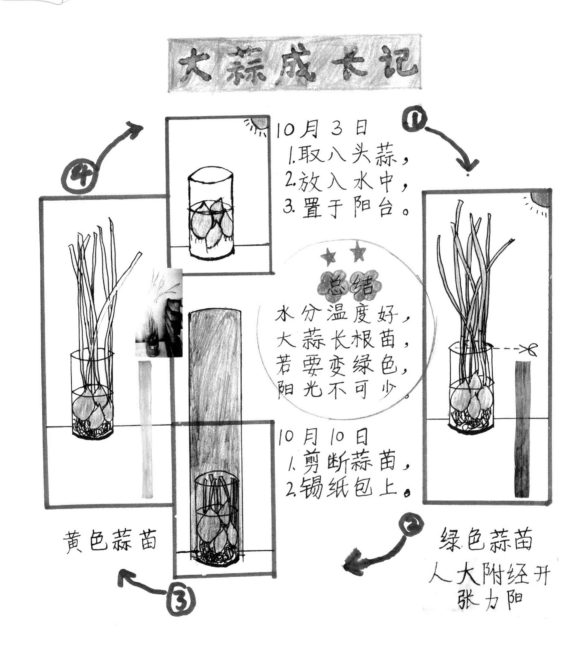

名师点评　　这是一幅大蒜种植的自然笔记。小作者用了一个对比实验，一部分用黑色的纸罩起来，一部分见光，比较在有光和无光条件下大蒜生长的情况。最后小作者总结出见光的蒜叶片是绿色的，这种对比实验是非常好的研究方法，建议小作者可以思考一下，为什么会出现类似的情况呢？

蒜娃娃成长记

胡瑾萱

植物类 ◎ 草本

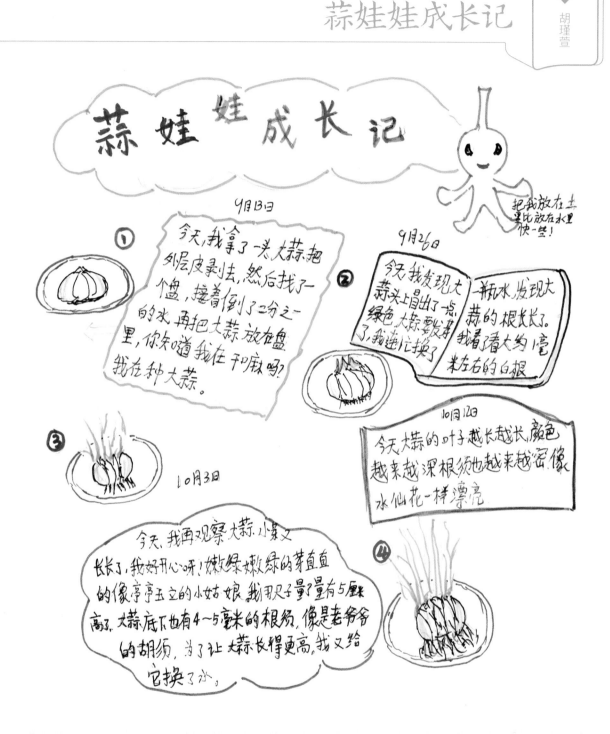

把我放在土里是比放在水里快一些！

9月13日

① 今天，我拿了一头大蒜把外层皮剥去，然后找了一个盘，接着倒了二分之一的水，再把大蒜放在盘里，你知道我在干嘛吗？我在种大蒜。

9月26日

② 今天，我发现大蒜头上冒出了一点绿色，大蒜发芽了，我连忙换了一瓶水，发现大蒜的根长长了。我看着看着大约1毫米左右的白根。

10月12日

今天大蒜的叶子越长越长，颜色越来越深，根须也越来越密，像水仙花一样漂亮。

③ 蒜

10月3日

④ 今天，我再观察大蒜，小家又长长了，我好开心呀！嫩绿嫩绿的茎直直的像是亭亭玉立的小姑娘，我用尺子量了量有5厘米高了。大蒜底下也有4～5毫米的根须，像是老爷爷的胡须，为了让大蒜长得更高，我又给它换了水。

名师点评　同样是一篇关于大蒜种植的自然笔记，小作者按照时间顺序记录了大蒜的生长过程，观察细致，文笔充满童趣。

扫码看视频

豆子种植观察

植物类◎草本

10月8日 19:00
我先泡豆子,水没过豆子,泡12小时。

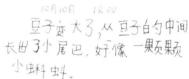

10月10日 18:00
豆子变大了,从豆子的中间长出了小尾巴,好像一颗颗小蝌蚪。

10月12日 17:00
豆子陆续掉了皮,变成了紫色。豆和茎成直角,绿芽从豆瓣中伸出小舌头。

10月15日 19:23
3天后,豆秧已长高约了厘米,两片叶子已完全对称着平展开了。叶子很茂盛,水根也很发达。

10月20日 17:00
郁郁葱葱的豆苗长成了,我用剪刀收割了,晚上可以上饭桌了。

10月18日 16:00
等每株的两片叶子中间长出米粒大的新芽时,原来的绿豆已经干瘪,要脱落了。

名师点评　　这是一幅对豆苗种植过程进行记录的自然笔记。从 10 月 8 号到 10 月 20 号,小作者对浸种到采收的全过程进行了比较翔实的记录,完整性非常不错。但是在描述的过程中,由于年龄和知识的限制,在用词上稍有欠缺,如真叶与子叶要如何区分。希望小作者在以后的学习中能够加强相关知识的学习。

荷花生长过程记录

马翌宁

植物类 ◎ 草本

藕有很多孔，切开后，会拉出长长的丝。藕可以切成片，煎着吃。藕是荷花的块茎。从头年秋天到第二春天都可以扒藕吃。荷花身上都是宝，没有无用的东西。

藕

别名：莲藕
食用部位：块茎
收获时节：11～3月
分类：莲科

9月22日

藕作为荷花储藏养分的地方，藕生长在污泥中。

8月5日

8月20

仲夏之时，荷花盛开。
白天荷叶张开，夜晚闭合。

9月10日

荷花授粉后，花瓣会片片凋落。

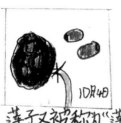

10月4日

莲子又被称为"莲米"，因为它像米饭一样香

9月16日

荷花会结出一个长得像喷头的莲蓬。

名师点评 这位小作者记录的是荷花。从8月一直到9月中下旬，小作者进行了持续观察。这在自然观察过程中是非常好的习惯。画画内容比较准确。建议小作者适当增强对物种的科学性的描述。

植物类◎草本

胡嘉祺

荷花

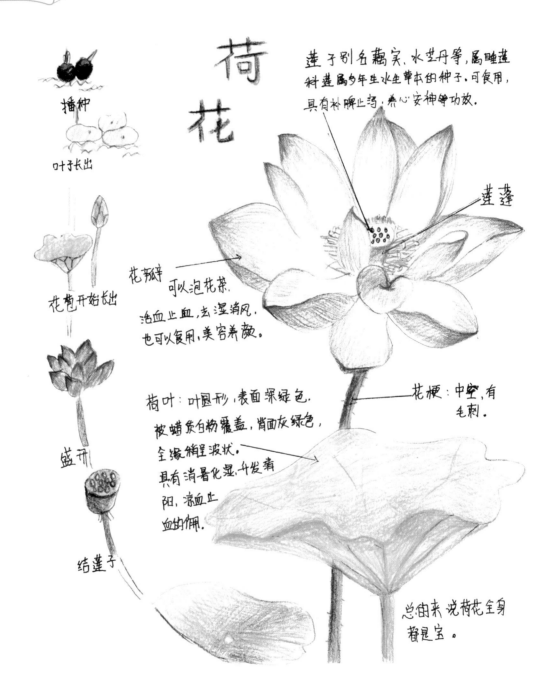

播种

叶子长出

花苞开始长出

盛开

结莲子

莲子别名藕实、水芝丹荸,属睡莲科莲属多年生水生草本的种子,可食用,具有补脾止泻,养心安神等功效。

莲蓬

花瓣
可以泡花茶、活血止血,去湿消风,也可以食用,美容养颜。

荷叶:叶圆形,表面深绿色,被蜡质白粉覆盖,肖面灰绿色,全缘稍呈波状。具有消暑化湿,升发清阳,凉血止血的作用。

花梗:中空,有毛刺。

总的来说荷花全身都是宝。

名师点评　　这是一幅记录荷花的自然笔记。画面漂亮整齐,记录了荷花从播种到莲蓬的整个生长过程。在做自然笔记时,持续性观察非常重要,建议小作者增加时间要素,把荷花生长各阶段的时间标注出来。

植物类 ◎ 草本

白菜花观察日记

肖以柔

白菜花观察日记

观察时间:2019.4.11-2019.4.24
天气:晴

水植白菜种植第二天，几乎没什么变化，但是白菜冒出来几片绿色的小嫩叶，显得格外的娇嫩。

4月11日　晴

白菜花的叶子又长大了不少，嫩绿的叶子就像穿着绿色的裙子，漂亮极了。

4月13日　晴

4月19日　晴

又过了几天，白菜花又长高了不少，也变粗了些，它的最顶端还长出了许多半黄半绿的花苞呢？

又过了些天白菜花已经长的很高很高了，它长出了新的枝又都开满了黄色的小花，就像一个个小黄伞，美丽极了。

4月24日　晴

名师点评　　这是一幅关于水培白菜的自然笔记。这幅作品绘画细致，对水培白菜的成长过程描述也很准确，并标注了各时间节点。希望小作者以后在做自然笔记的过程中多增加一些科学性的内容。

101

植物类 ◎ 草本

金丝梅观察记录

杨悦萱

扫码看视频

主题：金丝梅　　　　天气：阴　　　　记录人：杨悦萱
地点：陕西省汉中市洋县　气温：15℃　　时间：2019.10.07

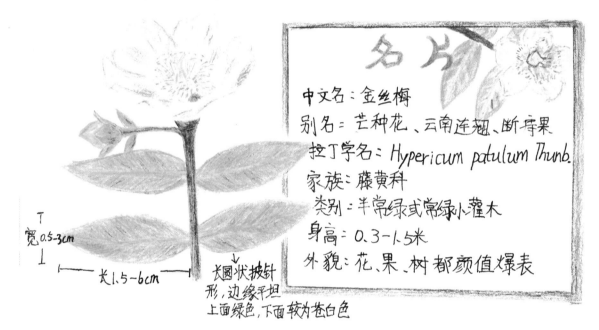

名片

中文名：金丝梅
别名：芒种花、云南连翘、断序果
拉丁学名：Hypericum patulum Thunb.
家族：藤黄科
类别：半常绿或常绿小灌木
身高：0.3-1.5米
外貌：花、果、树都颜值爆表

宽0.5-3cm
长1.5-6cm
长圆状披针形，边缘平坦
上面绿色，下面较为苍白色

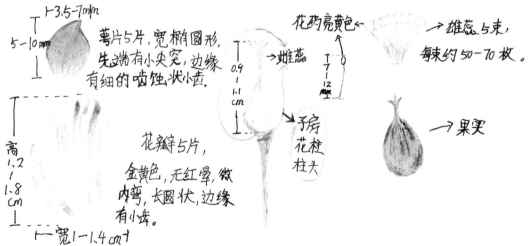

3.5-7mm
5-10mm
萼片5片，宽椭圆形，先端有小尖突，边缘有细的啮蚀状小齿。

0.9-1.1cm

花药亮黄

雄蕊

子房
花柱

高1.2-1.8cm
花瓣5片，金黄色，无红晕，微内弯，长圆状，边缘有小齿。
宽1-1.4cm

雄蕊5束，每束约50-70枚。

7-12cm

果实

名师点评　　这是一幅关于金丝梅的自然笔记。从整体来看，表达方式和记录方式都比较符合自然笔记的要求。小作者在绘制金丝梅的时候，精准测量了叶子的长度、宽度，对金丝梅的花进行了解剖分析，把它的雌蕊群、雄蕊群都专门进行了描绘记录，是一幅非常棒的自然笔记。

芭蕉观察记录

◆ 王品舒

植物类◎草本

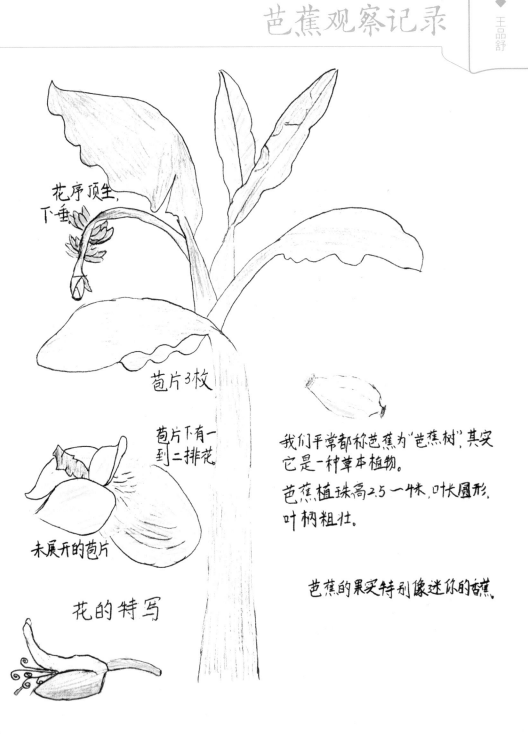

花序顶生,下垂

苞片3枚

苞片下有一到二排花。

未展开的苞片

花的特写

我们平常都称芭蕉为"芭蕉树",其实它是一种草本植物。
芭蕉植株高2.5一4米,叶长圆形,叶柄粗壮。

芭蕉的果实特别像迷你的香蕉。

名师点评

　　这是一幅关于芭蕉的自然笔记。从整体上来看,整个植物表现比较完整,观察细致性上有所欠缺,描述也需要再准确一些。我们生活里常见的有芭蕉和香蕉两种植物,它们是有差别的。这个同学他画的芭蕉的果子上面有明显的四棱,这个是是比较典型的香蕉的特征。所以无论我们是在观察还是后期核查资料的时候,都要本着严谨认真的态度,这样才能把自然笔记做得更好,更科学严谨。

◆ 刘芮彤

草莓花开

植物类◎草本

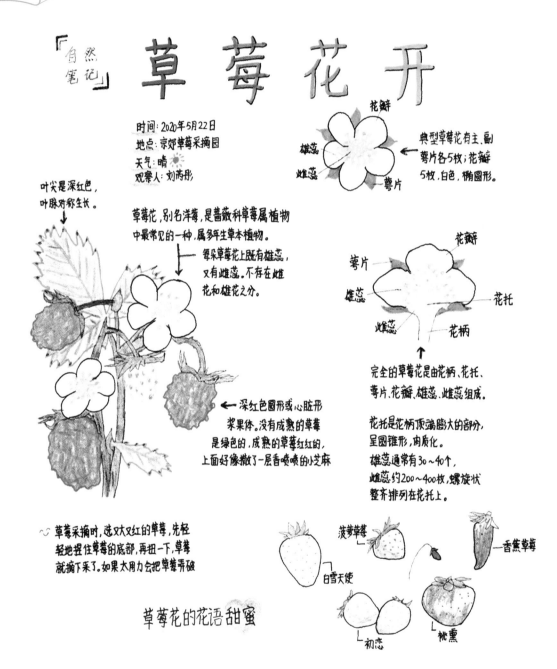

『自然笔记』

草 莓 花 开

时间：2020年5月22日
地点：京郊草莓采摘园
天气：晴 ☀
观察人：刘芮彤

花瓣

典型草莓花有主、副萼片各5枚；花瓣5枚，白色，椭圆形。

雄蕊
雌蕊
萼片

叶尖是深红色，叶脉对称生长。

草莓花，别名洋莓，是蔷薇科草莓属植物中最常见的一种，属多年生草本植物。

每朵草莓花上既有雄蕊，又有雌蕊，不存在雌花和雄花之分。

花瓣

萼片

雄蕊

雌蕊

花托

花柄

深红色圆形或心脏形浆果体。没有成熟的草莓是绿色的，成熟的草莓红红的，上面好像撒了一层香喷喷的小芝麻

完全的草莓花是由花柄、花托、萼片、花瓣、雄蕊、雌蕊组成。

花托是花柄顶端膨大的部分，呈圆锥形，肉质化。
雄蕊通常有30～40个，雌蕊约200～400枚，螺旋状整齐排列在花托上。

草莓采摘时，选又大又红的草莓，先轻轻地捏住草莓的底部，再扭一下，草莓就摘下来了。如果太用力会把草莓弄破

菠萝草莓

香蕉草莓

白雪天使

初恋

桃熏

草莓花的花语甜蜜

名师点评　　这幅自然笔记记录的是草莓。小作者在草莓采摘园里边进行观察，主要记录了这种植物的形态特征，包括对花、果实、种子以及品种的介绍。小作者对草莓花进行了细致的观察，分别绘制了花的俯视图和剖面图，对草莓花雌蕊群做了专门的介绍，是一幅要素齐全的作品。

感受大自然之美

◆ 李庭毅

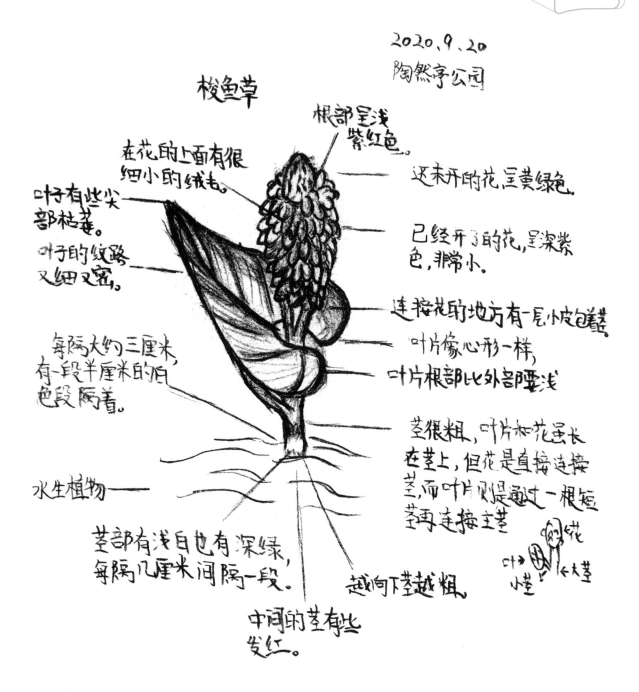

梭鱼草

2020.9.20
陶然亭公园

根部呈浅紫红色。

在花的上面有很细小的绒毛。

还未开的花呈黄绿色。

叶子有些尖部枯萎。

已经开了的花,呈深紫色,非常小。

叶子的纹路又细又密。

连接花的地方有一毛小皮包裹。

叶片像心形一样,

叶片根部比外部略浅

每隔大约三厘米有一段半厘米的白色段隔着。

茎很粗,叶片和花是长在茎上,但花是直接连接茎,而叶片则是通过一根短茎再连接主茎

水生植物 —

茎部有浅白色有深绿,每隔几厘米间隔一段。

越向下茎越粗。

花
叶 小茎 大茎

中间的茎有些发红。

名师点评　　这是一幅关于梭鱼草的自然笔记。作者对于植物的形态特征,如叶抱茎、花序形态,描述准确。语文文字细致,体现了小作者的观察。但由于本作品为铅笔画,表现力度略有欠缺。

陈雨萱

法师观察记录

植物类◎草本

扫码看视频

法师

时间：2020.9.29
地点：丹麦小镇

法师种类有很多，常见的有黑法师、墨法师、紫绿羊绒、韶羞、万圣节等等，喜光

名师点评 　这幅是小作者记录家养多肉植物——法师的自然笔记。从绘画的这个角度上来看，这位小作者非常有绘画功底，不管从形态、颜色、构图水平都相当高。作为自然笔记，需要小作者对这种植物进行更多的科学性观察和描述，这一部分有待加强。

106

鹤望兰观察记录

◆ 潘晓岩

植物类◎草本

其形态特征：

多年生草本，无茎。叶片长圆状披针形，长25-45厘米，宽约10厘米，顶端急尖，基部圆形或楔形，下部边缘波状；叶柄细长。

其主要包括品种：

白花天堂鸟、无叶鹤望兰、卵圆鹤望兰、考德堪鹤望兰、金色鹤望兰。

其生长习性：

鹤望兰属亚热带长日光照植物。其喜温暖、湿润、阳光充足的环境，畏严寒，忌酷热、忌旱、忌涝。要求排水良好的疏松、肥沃、PH值6-7的沙土。生长期适宜温度为20-28℃。

联系地址：玉林西里20栋605室
时间：2020.7.24

其命名者及时间：

Aiton 1., 1970年.

其分布地区：

非洲南部，美国，德国，荷兰，菲律宾，中国。

其分布范围：

原产非洲南部。中国南方大城市的公园、花圃有栽培，北方则为温室栽培。

其繁殖方式：

蜂鸟传播花粉。在中国为人工授粉。

植物文化：

花语是"能飞向天堂的鸟，能把各种情感、思想带到天堂"。洛杉矶市花。

鹤望兰（Strelitzia reginae Aiton）

芭蕉科鹤望兰亚科多年生草本植物，无茎。叶片长圆状披针形，长25-45cm，宽10cm。叶片顶端急尖；叶柄细长。萼片橙黄色，花瓣暗蓝色。因为花体形状像鹤首，所以得名鹤望兰。

六年级(4)班

潘晓岩

名师点评　　这幅是关于鹤望兰的自然笔记。作品中植物的叶子和花描绘的相对准确。对于自然笔记来说，我们更想要看到小作者自己认真的观察描述和记录。建议小作者增加自己的观察和记录相关的内容，减少所查阅资料在自然笔记中的占比。

植物类 ◎ 草本

种子的成长日记

杨晓宇

种子的成长日记 7月11日

　　今天要把金黄色的种子浸泡在干净的水里,有助于明天水培种子。我把种子适当地倒进一个长方形的绿盆里,并往盆里加了很多水。我知道这样做能让种子大口大口地吸取水中的营养。

　　我把绿盆端到拥有充分阳光的阳台上,妈妈说:"种子虽然很小,但是有大大的力量,所以你要照顾好种子,对它负责任。"我怀着无限的希望看着种子,期待着明天的到来。

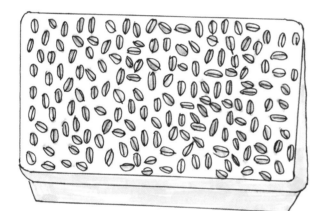
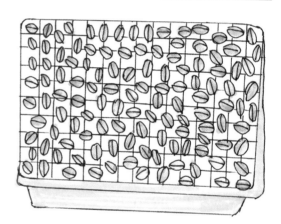

种子的成长日记 7月12日

　　我把昨天泡好的种子一粒一粒全部放在白色的网状容器上。然后将昨天的水换成干净的水,接着把网状容器放在绿盆上面,让绿盆里的水滋润着种子,但不要没过它。我又坐下,静静地观察种子,惊喜地发现种子变得饱满了,胖乎乎的,一头尖尖的。我相信,种子很快就会发芽了!

种子的成长日记 7月13日

　　第三天,种子发芽了。有的呈浅绿色,有的是嫩白色的,还有的是一个小圆点,透明的。细细的根在黑暗中摸索着,尝试找到水来滋润自己。当细细的根找到了水源,就会攒足了劲儿使劲往里扎,然后贪婪地吸收水中的营养,就像老鼠看见大米一样。

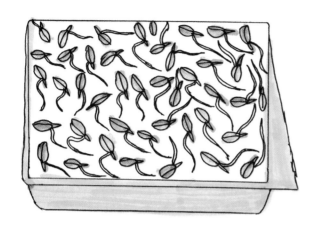
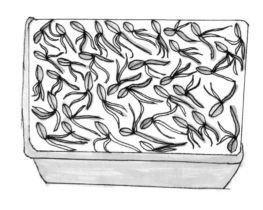

植物类 ◎ 草本

种子的成长日记 7月14日

　　第四天,所有种子都发芽了。我把网状容器拿起来看,细长的根从密密麻麻的小孔里扎进来,有些根还带着亮晶晶的露珠。我再把网状容器放下,嫩白色的小芽已经变成了草绿色,差不多都有1厘米了,所有嫩芽的底部还是有点白,其中一些根也没有插进网眼。

种子的成长日记 7月15日

　　第五天,绿油油的嫩芽像健壮的哨兵一样站得笔直,齐刷刷的。它们挺着胸脯,沐浴在阳光里,一副目空一切的样子。种子则沉沉地躺在网上,默默地支撑着这一切。

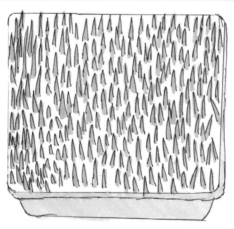

名师点评　　这是一幅关于禾本科植物的自然笔记。小作者亲自种植、观察,将从种子到小苗的每个阶段都进行了详细的记录,这是自然笔记非常提倡的表达内容,充分体现了作者观察的持续性。建议小作者增加对观察对象的科学描述,使作品更加完整。

植物类◎草本

蒲公英观察记录

名师点评　这是一幅关于蒲公英的自然笔记，画面丰满、内容丰富。小作者对蒲公英进行了解剖观察，非常的细致。但受到知识储备的限制，小作者对蒲公英的头状花序、带冠毛的瘦果描述存在一定的科学性错误。建议小作者加强资料的查阅，使作品更加严谨科学。

扫码看视频

海棠物语
郑雅心

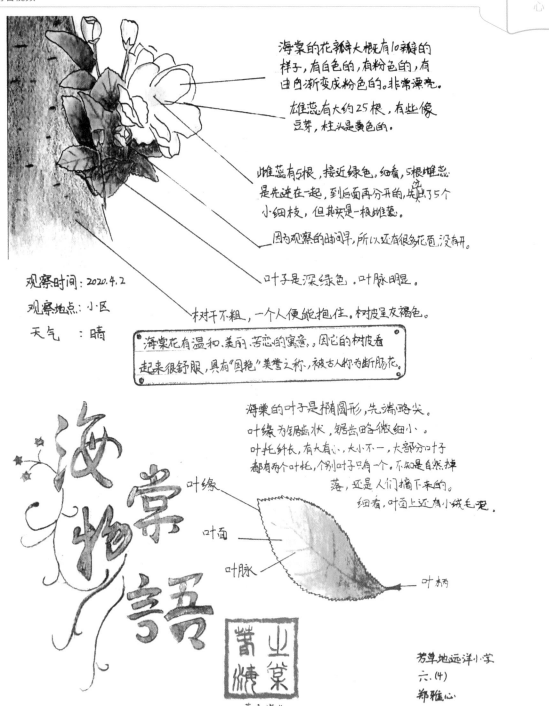

海棠的花瓣大概有10瓣的样子，有白色的，有粉色的，有由白渐变成粉色的。非常漂亮。

雄蕊有大约25根，有些像豆芽，柱头是黄色的。

雌蕊有5根，接近绿色，细看，5根雌蕊是先连在一起，到后面再分开的，先出了5个小细枝，但其实是一根雌蕊。

因为观察的时间早，所以还有很多花苞没开。

叶子是深绿色，叶脉明显。

树干不粗，一个人便能抱住。树皮呈灰褐色。

海棠花有温和、美丽、苦恋的寓意，因它的树皮看起来很舒服，具有"国艳"美誉之称，被古人称为断肠花。

观察时间：2020.4.2
观察地点：小区
天气　：晴

海棠的叶子是椭圆形，先端略尖。
叶缘为锯齿状，锯齿略微细小。
叶托纤长，有大有小，大小不一，大部分叶子都有两个叶托，个别叶子只有一个。不知是自然掉落，还是人们摘下来的。
细看，叶面上还有小绒毛呢。

叶缘
叶面
叶脉
叶柄

芳草地远洋小学
六.(4)
郑雅心

名师点评　　这是一幅关于西府海棠的自然笔记作品，作品中时间、地点、天气情况等要素齐全。小作者对植物观察细致，对花的结构、叶的形态都进行了详细的描述，是一幅不错的作品。建议小作者可增加科学资料的查询，更准确地确定物种的名称。

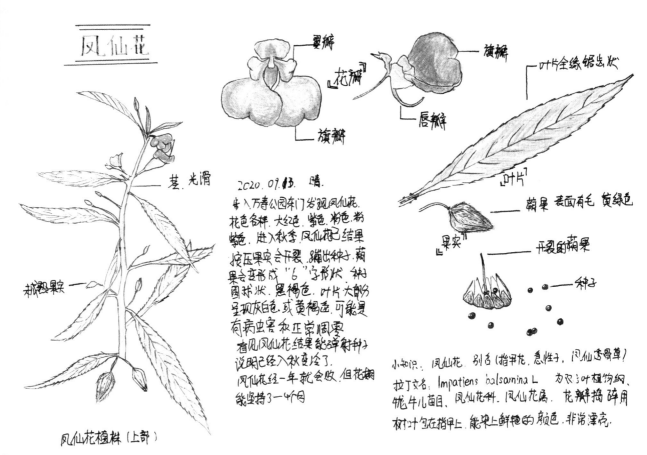

凤仙花植株（上部）

2020.09.13. 晴.
牛入万寿公园东门发现凤仙花.
花色各样. 大红色. 紫色. 粉色. 粉
红色. 进入秋季, 凤仙花已结果
按压果实会开裂. 弹出种子. 蒴
果会卷形成 "6" 字形状. 种
子圆球状. 黑褐色. 叶片大部分
呈现灰白色或黄褐色. 可能是
有病虫害和正常凋零.
看见凤仙花结果能弹射种子
说明已经入秋变冷了.
凤仙花经一年就会败. 但花期
能坚持3~4个月

小知识: 凤仙花. 别名 (指甲花, 急性子, 凤仙透骨草)
拉丁文名: Impatiens balsamina L 为双子叶植物纲.
牻牛儿苗目. 凤仙花科. 凤仙花属. 花瓣捣碎用
树叶包在指甲上, 能染上鲜艳的颜色. 非常漂亮.

　　这是一幅凤仙花的自然笔记。植株整体形态把握准确，并且对植物的各部分结构进行了解剖和分析。在作品中小作者还充分表达了自己的看法和观点，是值得大家学习的。美中不足的是小作品所绘凤仙花正面观是一个倒像，不方便读者阅读。

蓝雪花 ◆ 陈楚璇

蓝雪花

时间：10月6日
地点：阳台
记录人：陈楚璇

花苞为紫色 中间 有条深紫 线.头呈圆 形。

花苞上长 有细细的毛 刺. 会在开花 时掉落.

我们家阳台上来了个"新成员"—蓝雪花. 它的花苞上带有细细的长刺. 它是我从姥姥家拿回来的. 我从网上查到蓝雪花又叫山灰柴、段艳、角柱花等,为白花丹科. 蓝雪花属植物,性喜温暖耐热。

叶脉 呈浅绿 色.其它 部分为 深绿色。

时间：10月8日
地点：阳台
记录人：陈艳璇

它的叶是深绿色的,花是紫色的叟心,极其美丽,蓝雪花,感谢你把这优美的花献给我们！

呈爱心形 的花瓣。 一株五 瓣.

名师点评 　　这幅自然笔记作品描绘的是盆栽蓝雪花。对于盆栽植物，我们很容易开展持续性观察，记录植物生长变化的过程。小作者对植物形态把握很准确，注意了细节特征的描写，如能坚持观察记录一段时间，会有更多精彩内容呈现。

林子悦

植物类 ◎ 草本

大花马齿苋

时间：2020、9.12
地点：宣武艺园内
天气：阴
作者：林子悦
　　　（北京师范大学附属实验中学 初一（16）班）

学名：大花马齿苋
别名：半支莲、松叶牡丹、龙须牡丹、金丝杜鹃、洋马齿苋、太阳花
习性：喜欢温暖、阳光充足的环境，阴暗潮湿之处生长不良。极耐瘠薄。见阳光花开，早、晚、阴天闭合。
作用：散瘀止痛、清热解毒、消肿。

名师点评　　这幅自然笔记是关于大花马齿苋的作品。作品绘制相对比较简单，对其形态特征的描述不够突出，文字表述不能体现小作者自主观察的过程。建议小作者通过自己的观察和思考脱离过于依赖资料的情况。

植物类 ◎ 草本

盛开的矢车菊

孙悦婷

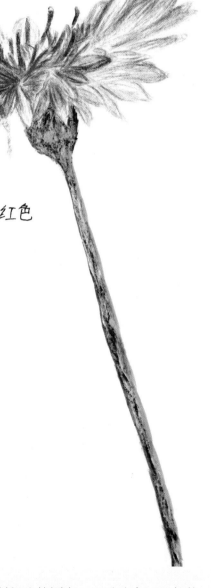

时间：2010年7月20日

地点：怀柔城市森林公园

天气：阴

矢车菊：菊科矢车菊属，一年生
　　　或二年生草本植物，高
　　　70厘米，直立，分枝，茎枝深
　　　绿色，顶端排成伞房花序或圆
　　　锥花序。花苞椭圆状，有蓝色，白色，红色
　　　紫色，花期2-8月。

名师点评　　这幅自然笔记记录的矢车菊。花朵的形态绘制得比较漂亮，记录地点、天气状况明确，具备一定的细节性和科学性。但从自然笔记的角度来讲，这幅作品还不够科学、完整。在对花进行描述的文字上看，参考文献的部分占比较大。建议在查阅相关自然资料的同时结合自己观察来记录。

植物类 ◎ 乔木

刘知之

山楂树观察记录

3月14日(周六)17:00 晴
山楂树的小枝变红了,是淡淡的红,枝头冒出了一点小小的嫩芽,人一点的像黄豆,小一点的像绿豆,圆头圆脑的,看起来还有点小可爱。❶

山楂树
观察记录单一
开始时间:2020年春
结束时间:2020年秋
地点:奥圆

刘知之

3月25日(周三)17:45 阴
山楂树的小枝由红转棕,枝头的小芽长出了嫩嫩的绿叶,层层叠叠,有个大拇指那么大,含苞待放。❷

3月31日(周一)18:30 晴
经过一场春雨的洗礼,山楂树一下冒出了很多新叶,之前半个拇指长的叶子现在已经有我一个拇指那么长了,这些叶子翠绿翠绿的,真真切切表明当下正值春天。❸

4月5日
周日
12:50
天气:晴

山楂树有百分之七十多的树叶都已经长大了,跟鹅的脚掌有点像。枝头长出了许多小粒,像草籽一样,爸爸说那是花蕾,我觉得不像,等它长好了再看吧!❹

4月18日(周六)11:20 晴
自从前天晚上的一场阵雨过后,山楂树的树叶开始疯长,现在都可以用枝繁叶茂这个词来形容,最大的已经有我手掌一般大,又绿又密,焕发着勃勃生机。枝头上一簇一簇的小粒争先恐后地向上长,那形状好似一把撑开的牛骨架,顶着一围淡黄色的花。最可怜的是背阴处的那些小粒,不仅个小,颜色还白,一看就是营养不良,可见阳光对植物有多重要啊!我觉得那些小粒是未来的山楂果,而爸爸认为它会开花,那好吧,我们静等花开。❺

山楂树
观察记录单二
刘知02

4月23日(周四)
16:40 晴
果然被爸爸说中了,没过两天,山楂树就开花了。哎,我在这住了四年,居然不知道山楂树会开花!最先开花的是向着早晨阳光的那一边,然后是向着中午太阳的那一边,接着是向着夕阳的那一边,最后是阴影处的那一些。山楂树的花有齐片活的花瓣呀,花蕊是黄色的。刚开始,花瓣围着花蕊,比较拢,到后来,五片花瓣慢慢舒展,直到完全绽放,非常美丽,并且引来了很多蜜蜂采蜜。我知道山楂果是酸酸甜甜的,那花蜜也是酸酸甜甜的吗?也许蜜蜂跟我一样,喜欢这个口味。❻

5月4日(周一)9:40 多云
山楂树的花逐渐在凋谢,花瓣掉落一地,只剩下花蕊,花蕊也从淡黄色变成土黄色,花期已有半个月长了。阴影处那两根后发芽的树枝到现在一直都没开花,妈妈说它已经错过花期,不会再开花了,我猜想等花蕊掉落之后,就应该结一粒一粒的山楂果了吧。❼

❽

5月9日(周六)16:10 阴
山楂开始结果子啦!不过花只剩下一点点了,且都是枯黄的,花下面是一颗跟莲子一般大小的青涩山楂,有的四五颗,有的六七颗围成一簇,组合在一起远看好似一个莲蓬。我想象山楂在花期时把花吐了出来,待过了花期再把花收回去,花被收回之后,成了子儿。(就像我吃泡泡糖一样,吐出一个泡泡,之后又把泡泡收回来。)
我发现桃子苹果梨的幼果和它成熟的果实大小差距很大,而山楂的幼果和它成熟果实大小差距很小。

植物类 ◎ 乔木

山楂树
观察记录单三
刘知之

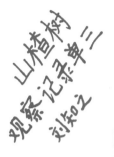

⑩ 7月10日(周五) 15:30 阴
山楂树的叶子已经完全长开了,果实向下低垂,感觉头沉了很多,这是因为果实饱满的原故吧。整棵山楂树郁郁葱葱,在炎炎夏日里,能给人营造一片荫凉。

⑪ 9月13日(周日) 17:00 晴
这两个月来,山楂树变化不大,可是今天,我突然发现,每一颗山楂果都有一部分变成了红色,一部分变成了橘色,并且大了些,上面的花蒂全掉光了。此时,飞来了一只小鸟,歪着头看了一会儿楂果,然后,就张开翅膀飞走了。是不是小鸟也知道,山楂果没成熟,不能吃呢?

5月30日(周六) 18:00 雨
过了20多天,山楂树有很大的变化。山楂果比原来大了将近一倍,颜色更绿了,表面很光滑,上面的花蒂更少了,而且变红了,像一个小小的花瓶。我发现,所有的山楂果都是向上生长的,跟桃李很不一样。山楂树的叶子大了些,呈墨绿色,偏细长形。此时,正下着雨,雨点打在叶子上,沙沙作响。山楂果挺立在雨中,贪婪地吮吸着雨露,它们是想快快长大吧。

⑨

⑫

9月21日(周一) 17:10 晴
山楂树的叶子已经变成深绿色,跟我的手掌一般大小。山楂果已全部红啦!一颗颗点缀在绿色的叶子之间,好像一个小小的红灯笼。
所有的山楂果都是向下低垂的,妈妈告诉我越是饱满的果实,头垂得越低,我们做人也要学会低头,学会谦虚,放低姿态,不断进取。

名师点评　这是一幅关于山楂的观察记录。从3月14日到9月21日,记录持续了半年的时间。小作者非常真实、有效地记录了山楂从萌芽到果实成熟的过程,整个过程非常详细。每一个阶段有什么样的特点,都配了文字和图片。这幅作品充分体现自然笔记对于自然观察的持续性。

植物类◎乔木

自然观察笔记

这幅自然笔记作品记录了两种靠风力来传播种子的植物——白蜡和元宝枫。小作者采用比较的方法，从叶形和翅果的形态进行比较。最难能可贵的是小作者通过比较两种翅果的形态差异来说明这两种植物在传播过程中的运动方式的不同，这里体现科学研究的思想。在作品中小作者还给自己设置了小问题，并通过查阅资料，解答自己提出的疑问，再次体现了探究的精神。

记录银杏

◆ 李尔西

植物类 ◎ 乔木

时间：2020.10.17 下午2:00
地点：北京市丰台区南宫温泉在园酒店
天气：晴

银杏

今天我和爸爸妈妈一起去南宫泡温泉，看到银杏树上许多的叶子都变黄了，在蓝天下金灿灿的，美极了！

银杏是银杏科银杏属落叶乔木，高大挺拔，每一棵树的身材都特别好。银杏是中国特有的植物，属于濒危物种，跟大熊猫一样珍贵。

银杏树皮灰褐色，纵裂，摸起来扎扎的。枝条有长枝和短枝，短枝灰褐色，长枝棕红色，有的短枝上生出长枝，有的没有。

银杏叶扇形，但是有的叶子有缺口，有的没有缺口，形状各种各样，同一棵树上可以长出各种不同形状的小扇子，都很好看。有的黄，有的绿，有的绿叶中带着金边儿，一碰就掉。

银杏是雌雄异株，树上有果子的是雌株，没果子的可能是雄株或是没长大。果子闻起来臭臭的。银杏是裸子植物，并没有果实，那些果子其实是它的种子。我捡到的种子多数都是一对儿一对儿的，跟双胞胎一样。

银杏寿命很长，我去潭柘寺见到了两棵1000多岁的银杏。

银杏叶黄，北京最美的秋天正在到来，我好喜欢，好激动啊！

树干——
挺拔
树皮灰褐色，纵裂

←2cm→

种子——
圆球状，橙黄色
我不是果实，是种子

梗长4cm
短枝灰褐色，长枝棕红色
肉肉的地方是种皮

叶——
扇形
有的像小女生的裙子
有的像小男生的短裤
→叶柄

→记有叶芽

短枝灰褐色，叶簇生
长枝棕红色，叶互生或散生

名师点评　这幅自然笔记记录的是银杏。整个画面的布局合理，内容科学严谨。银杏是一种裸子植物，所结的球果实际上是其种子。这位小作者的语言叙述非常准确，并将种子进行了测量，准确地写出了种子的形态。在科学严谨的同时，我们也能看到小作者的语言富有童趣，是一幅很棒的作品。

陈雅祺

植物类◎乔木

植物活化石——银杏

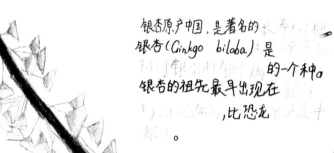

植物活化石——银杏

银杏原产中国,是著名的长寿树种
银杏(Ginkgo biloba)是 的一个种。
银杏的祖先最早出现在
,比恐龙

银杏的叶脉:
银杏的脉序是二叉分枝,
每片叶子上的叶脉都是一分为二,
这个特点也代表了它们非常原始
的特征。

银杏的种子: 作为裸子植物,银杏并不
具备真正的果实,整个白果其
实就是银杏的一颗大种子;
最外头是肉质外种皮,中
种皮是白色硬壳,硬壳
里的可食用部分是银杏
的胚乳。

白果非果!

在秋天,大多数的植物都会变
银杏也会。原来,它的内部有
叶黄素。

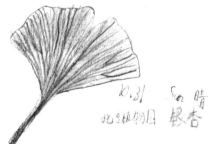

10.31 晴
北9植物园 银杏

名师点评　这幅自然笔记作品记录的是银杏。这幅作品对银杏各部分形态都进行了分步描绘,特别注意细节的把握,将银杏叶形、叶脉以及种子的形态都一一表现出来。作品科学严谨,画面也比较干净整齐,描述清晰。

扫码看视频

植物类 ◎ 乔木

名师点评 这是一幅关于一棵古银杏树的自然笔记，小作者用了四种表现方式：手绘的图片、写生现场的图片、拍摄的照片、银杏叶的标本拼贴，作品所用的元素丰富，时间地点要素齐全。从自然笔记的角度上来讲，科学性稍微欠缺一些，没有对银杏的形态结构特征做更详细的描写。此外，这里要说明的是，小作者提到吃银杏种子的问题，因为银杏具有一定毒性，在普及植物药用价值时要谨慎，最好有科学依据支撑。

植物类◎乔木

金桂飘香

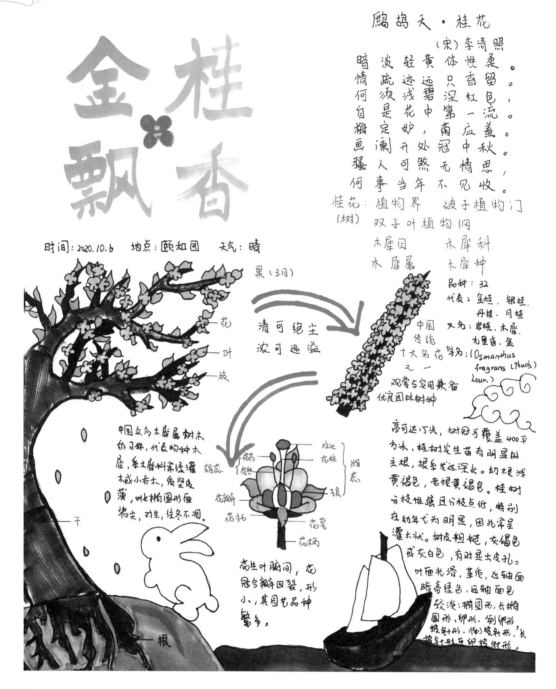

名师点评　　这位小作者记录的是在颐和园里观察到的金桂，植物形态观察细致，有桂花及花序的细节描述。值得一提的是小作者在描述桂花植物形态的同时，还注重传播了有关桂花的传统文化知识。建议小作者在以后的观察过程中，关注植物的生长环境与伴生动物。构建生态记录，让整个笔记更加饱满。

秋天的银杏

秋天的银杏

外种皮

二叉状叶脉

我是银杏的小种子。

秋天来了,我和小伙伴们都挂在高高的枝头。仰起泛白的小脸蛋。如果不小心砸到我,当心🐛🐛的哦☺

我是金黄的银杏叶。秋天到了,我的叶柄会渐渐变成黄色。直到全身都变成漂亮的金黄色。如果你迎着阳光望向我,会发现我可爱的小雀斑。

名师点评　这是一幅银杏的自然笔记记录。这幅作品对银杏的二叉状叶脉、裸子植物种子的外种皮等特征进行描述,细致性和科学性比较好,作为一名低年级的小朋友是难能可贵的。建议小作者从整体的角度对银杏进行观察,更好地把握银杏的形态特征。

植物观察笔记

植物类 ◎ 乔木

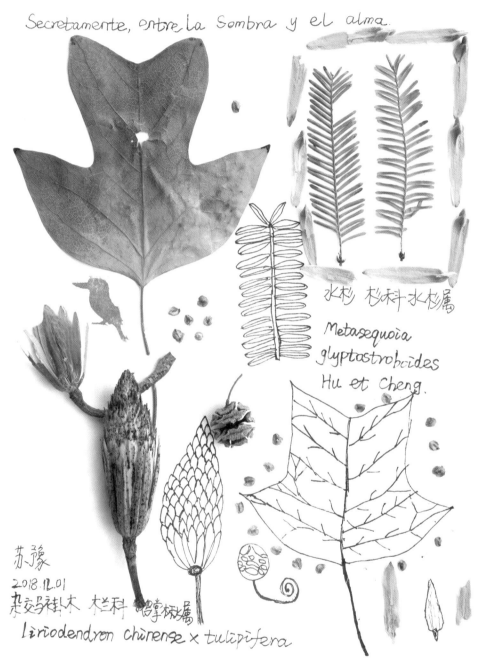

Secretamente, entre la Sombra y el alma.

水杉 杉科 水杉属

Metasequoia glyptostroboides Hu et Cheng.

苏豫
2018.12.01
杂交马褂木 木兰科 鹅掌楸属
Liriodendron chinense × tulipifera

名师点评　这是一幅关于杂交马褂木和水杉的自然笔记。小作者采取了一种创新的方式，采集了这两种植物的果、叶进行了拼图，创意非常好！这样可以让所记录的植物更加精准。如果小作者能够对自己所观察的内容进行一个细致的描写和记录将会是一幅更加优秀的自然笔记作品。

扫码看视频

古树侧柏

金桐旭 ◆

植物类 ◎ 乔木

时间：2020年10月25日
地点：地坛公园
天气：晴朗
人物：我和妈妈

侧柏

古 树 （二级）
编 号：110101B02379
柏 科：侧柏
学 名：Platycladus orientalis
年 代：清朝（约200年）
北京市园林绿化局2017年制

地坛南门进去，种树直着汗写古树——侧柏。它的寿命很大，已经有二百年历史了。

侧柏又叫香柏等，属于柏科。据说，它是北京市的市树。它的树枝向上生长，叶子像鳞片一样，紧贴在小枝上。每一片都是扁平的。

侧柏的树皮很薄，浅褐色。树杆上有裂纹，纵裂成一条一条的。

侧柏生命力强，叶尖细，任何地方都能生活。它一年四季都是绿色的。

侧柏全身都是宝。妈妈说："木材可以做家具，树叶和树枝可以做药。"真是太神奇了！

名师点评 　　这是一幅关于侧柏的自然笔记，主要采用照片＋标本的形式。作品整体完成度高，要素齐全。在细致的观察和记录描写上面还稍有不足。

植物类 ◎ 乔木

夏绾心

9月19日,晴　大杨山

我和爸爸妈妈到大杨山爬山,我看到有两种不同的松塔。

大杨山

带回家的松塔用火烤熟。

劈开熟松塔。

一颗颗松子被紧紧包裹,原来真的有松子!

名师点评　　这位小作者对松塔做了自然观察记录。他观察到了两种颜色不太一样的松塔,就此产生了疑问——这两个有什么区别。小作者通过用火烤、剥开这样的方式对松塔进行了探究。这种探究形式非常有新意,但探究过程与方式还要更加科学,在探究的过程中确保安全。

水杉 ◆ 赵盈萱

植物类 ◎ 乔木

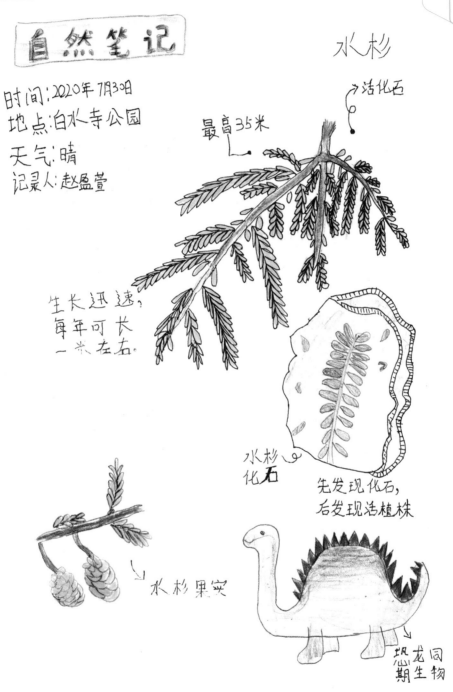

名师点评 　　这是一幅关于水杉的自然笔记。这幅作品对水杉的形态进行了绘画，整体思路较好，建议小作者增加细致的描述和细节的绘画部分。在这幅作品上小作者还画了一个水杉的化石和小恐龙，体现了小作者对植物的思考，建议小作者可再查阅一些相关资料，使作品更具科学性。

植物类◎乔木

石榴

石 榴

10月25日

姥姥家

皮

叶子

籽

石榴,石榴科石榴属植物。单叶、皮厚、果实球形、籽多、汁多,味道酸甜。有青色、红色、橘色等颜色。花辩在果实球顶处。石榴是一种浆果,营养丰富,维生素C比苹果、梨还要多。石榴全身都可以用。石榴皮可入药、止泻。果实可以食用。石榴籽提取物可用于美容养颜。

名师点评 　这位小作者记录的是石榴。石榴作为一种常见的水果,大家都很喜欢。从形态的绘画上来讲,能反映出石榴果实的结构特征。但小作者对石榴的科学描述有所欠缺。如石榴是蒴果,但是小作者写成了浆果。建议小作者要更细致地进行资料查询,避免出现科学性错误。

秋日观察

许佳彤

植物类 ◎ 乔木

10月4日 18℃ 星期日　晴　石家庄 玉米田
今天,我们去姥爷家的玉米田里去帮忙收玉米了。田里的结秆已经粉碎,玉米地里不再那么密不透风。
玉米是圆锥形的,上端较窄,下端较宽,外面有一层层绿中带黄的玉米皮,就像妈妈抱着宝宝。玉米上端还有一络络的玉米须。

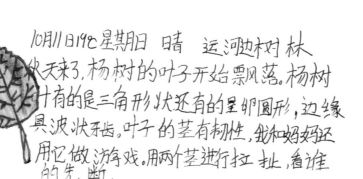

10月11日 19℃ 星期日　晴　运河边树林
秋天来了,杨树的叶子开始飘落。杨树叶有的是三角形状还有的呈卵圆形,边缘具波状牙齿,叶子的茎有韧性,我和妈妈还用它做游戏。用两个茎进行拉扯,看谁的先断。

10月18日 21℃ 星期日　晴　张各庄银杏林
秋天的银杏叶都变黄了。飘落的树叶把地染成了金色,捡起几片银杏叶,我发现边上有一条深褐色的花纹,而且边缘是不规则的弧形,有的像扇子,还有的像美丽的蝴蝶。银杏叶还有一根像蒲扇把手一样的叶柄。望着地上的落叶,我觉得它们都在默默无闻地奉献自己。我爱秋天,更爱无私奉献的银杏叶。

白洋小学　　三年4级　　许佳彤

名师点评　　这是一幅多种植物的自然笔记作品,选取了秋季作为观察节点,体现了小作者自己的想法和观察,植物形态绘制准确度高。建议小作者在自主观察的基础上,增加资料查阅,提高作品的科学性。

植物类 ◎ 乔木

元宝枫观察记录

朝阳么园自然笔记
2020年10月17日
天气:晴天
气温:20°
观察植物:元宝枫
姓名:王庭桢
年龄:7岁

元宝枫
是xuán
zhuǎn 下
蓝的。

地是红树zhī。

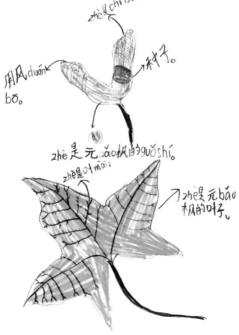

zhè是chì bǎng。

用风chuán
bō。

种子。

zhè是元宝枫的guǒ shí。

zhè是叶 mòiǒ

zhè是元宝
枫的叶子。

名师点评 　这是一幅关于元宝枫的自然笔记。作为一个7岁的小作者来说，能把元宝枫的叶子和双翅果的形态进行精准的绘画和记录，并且认真地观察了双翅果落地的方式，很难得。

银杏观察笔记

银杏

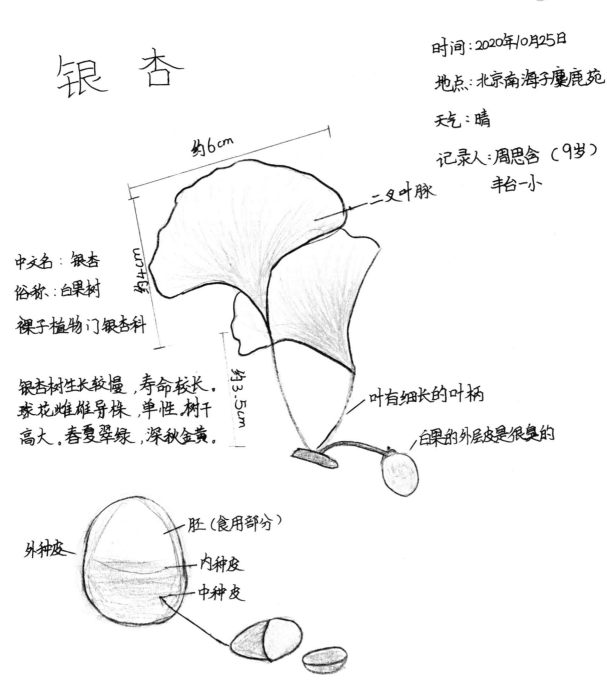

时间：2020年10月25日

地点：北京南海子麋鹿苑

天气：晴

记录人：周思含（9岁）
丰台一小

约6cm

约4cm

约3.5cm

二叉叶脉

中文名：银杏

俗称：白果树

裸子植物门银杏科

银杏树生长较慢，寿命较长。球花雌雄异株，单性 树干高大。春夏翠绿，深秋金黄。

叶有细长的叶柄

白果的外层皮是很臭的

胚（食用部分）

外种皮

内种皮

中种皮

名师点评 这位小作者记录了银杏，比较准确地记录了叶子的形态特征以及种子的结构特点，建议增加对这种植物全面的、整体的观察。另外，由于银杏有一定的毒性，在介绍可食用时要谨慎。

七小雪

植物类 ◎ 乔木

山楂树观察

2020年9月20日 天气 晴 心情 开心 小锯齿
今天我、妹妹和妈妈去了奥林匹克森林公 （图1）
园玩，在路上我看到了一棵长满红果子的树，
三三两两长在一起 经过询问知道了这居然是山楂树。
然后，我便对它细致地观察起来。
它的叶子是三三两两长在一起，围成一个圆形（如图2）。
（图2）每一片叶子上都有小锯齿，茎像一个鱼骨头（如图1）。
叶片的长度大约在5～10厘米之间，最大的叶片也就有我手掌那么大。 
突起的小黄点 （图3） 5个小叶片
（图4）
我抬头认真观察树上的山楂，发现从一个枝
又会长出一串串的山楂果（如图5）。成熟的山楂呈暗红
色，上面有一些突起的小黄点，所以摸
起来一点都不光滑（如图3）。底部是由
（图5） 5个叶片组成的小花托，小花托中间是一个 （图6）
心凹里有枯萎的花蕊（如图4）。我用小刀横着把它切开，发现它的
果肉是淡淡的土黄色，然后有几颗果核紧紧挨在一起，形成了一朵小花（如图6）。
这就是我对山楂的观察。

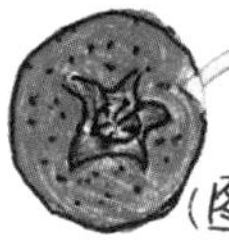

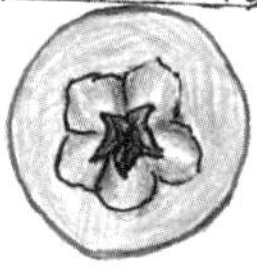

名师点评 这是一幅关于山楂的自然笔记。整篇作品观察得非常仔细认真，不但把叶子描绘得比较准确，还将叶缘上的小锯齿以及芒尖都进行了清晰的记录。小作者还对山楂的果实进行了横切，把果实里的心皮、种子进行了准确的描绘，观察很仔细。如果能对山楂有宏观描述，增加资料的查阅，作品的准确性和科学性会更上一层楼。

白桦林

白桦林

时间：2020.10.2中午一下午
地点：喇叭沟原始森林

天气：晴朗，蓝天白云
温度：10℃～15℃

　　白桦林位于南猴岭的半山腰处，是原始森林公园主要景区之一。白桦属于桦木科，是一种落叶乔木。此时山中已是入秋，白桦叶正从绿变黄。调皮的秋风一吹，五彩斑斓的树叶纷纷落下，在地面上形成了一层黄绿相间的地毯。白桦树的树干俊秀挺拔，粉白如霜，最高可达25米。它们整齐有序地排列着，远远望去，就像一支训练有素的海军。

白桦树的树干表皮呈白色，带点淡淡粉灰色，表面光滑。外皮非常容易剥落，剥下来的树皮就像一张较硬的纸，里面呈深棕色，颇像牛皮。剥开树皮就像一幅天然的水墨画。

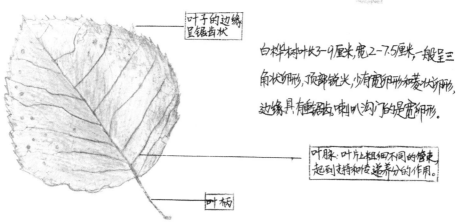

叶子的边缘呈锯齿状

白桦树叶长3～9厘米，宽2～7.5厘米，一般呈三角状卵形，顶部锐尖，少有宽卵形和菱状卵形，边缘具重锯齿。喇叭沟门的是宽卵形。

叶脉：叶片上粗细不同的管束，起到支持和传递养分的作用。

叶柄

名师点评　　这是一幅关于白桦的自然笔记。作者对观察的时间、地点、天气情况，进行了详细的记录，要素齐全。对白桦各部分结构的形态特征，小作者可以进行更全面、认真细致地观察。本作品语言流畅、优美，值得我们学习。

植物类 ◎ 乔木

观察日期：10月15日
观察地点：校园内、美术教室
记录人：陈昱彤 六(1)中队
观察对象：银杏

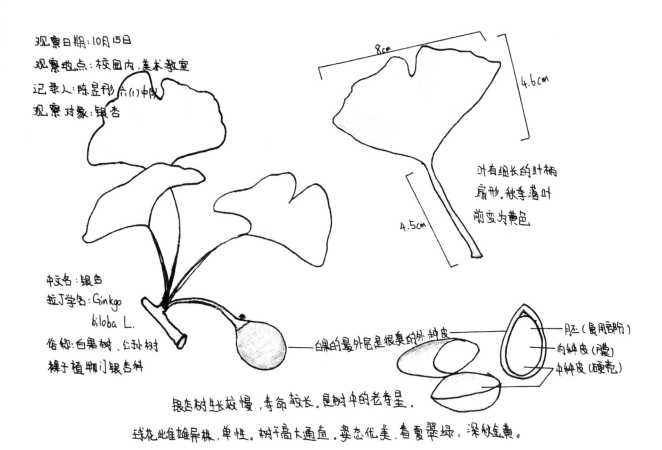

8cm

4.6cm

4.5cm

叶有细长的叶柄
扇形，秋季落叶
前变为黄色

中文名：银杏
拉丁学名：Ginkgo
        biloba L.
俗称：白果树、公孙树
裸子植物门银杏科

白果的最外层是很臭的外种皮

胚(食用部分)
内种皮(膜)
中种皮(硬壳)

银杏树生长较慢，寿命较长，是树中的老寿星。

球花也雌雄异株，单性。树干高大通直，姿态优美，春夏翠绿，深秋金黄。

名师点评　这幅自然笔记是对银杏的记录，作品清新自然。小作者着重描绘了银杏的叶和种子，建议增加对银杏的整体观察。

玉兰花自然笔记

◆ 鄂百斯娅

植物类 ◎ 乔木

自然笔记

《自然笔记》
观察人:鄂百斯娅
年龄:11
时间:2020.3.7
天气:晴

玉兰花:落叶乔木,高达 25米,性喜阳光,较耐寒,对有害气体的抗性较强,多观于园林或作行道树.早春花枝满树,艳丽芳香。

花先叶开放
直立,芳香

树皮深灰色粗糙开裂

花瓣9片

花蕾卵圆形

嫩叶被柔毛淡绿色

雌蕊群淡绿色

名师点评　　这是一幅关于玉兰花的自然笔记,整个画面体现了玉兰的整体形态特征,并对花的结构形态进行了说明。建议小作者以后对植物的细部特征描述更加准确,在观察时可以借助尺子等工具对观察对象进行研究。

◆徐子翔

玉兰花自然笔记

植物类◎乔木

玉 兰 花

2020年2月23日 晴 -4～8℃
㈠ 2020年疫情肆虐，但是却挡不住春天的脚步。小区里玉兰树上长满了一个个水滑似的嫩绿色的小花苞。它们外表毛茸茸的，摸上去软软的，里面紧紧地裹着花蕊。

2020年2月26日 晴 -3～10℃
㈡ 两三天的功夫，玉兰花破壳而出，从结实的外皮中使劲地探出了头。花儿的小脑袋粉粉的，十分俏皮。花苞外面的那层皮从淡绿色变成黄绿，最后变成了暗淡的深褐色。

2020年3月1日 多云 -3～11℃
㈢ 没几天的工夫，花苞完全挣脱了外皮的"束缚"。粉嫩的花瓣一层层紧紧地包裹着，蓄势地似乎马上破裂似的，又像害羞的小姑娘一样遮遮掩掩的。

2020年3月3日 晴 -2～11℃
㈣ 又过了四五天，花瓣几乎全部舒展开了，一朵朵淡紫色的玉兰花美丽极了，让人看着那么多赏心悦目。微风拂过，玉兰花散发出阵阵清香，深深地吸上一口气，淡淡的花香沁人心脾。叽叽喳喳的小鸟在树枝上欢快地唱着歌，像在赞美这美丽的花朵。我忍不住，伸手摸了摸花瓣，滑滑的、嫩嫩的，就像婴儿的皮肤一样娇滑。

2020年3月6日 小雨 1～12℃
㈤ 一场春雨过后，我赶紧跑到楼下去看玉兰花。地上铺铺满了沾满雨水的花瓣。树上缀着残缺的花瓣也无精打采的，耷拉着头。看着地上的花瓣，我想它们化作春泥来滋养他们的下一代吧。

2020年3月10日 多云 2～15℃
㈥ 又过几天我去看玉兰花，它已经光秃秃的，只剩下一朵朵的圆柱，它旁边已经钻出片片嫩绿的新叶。

地点：顺义区中建国际城
观察对象：玉兰
记录人：徐子翔
学校：顺义区 ××学 四(4)班

名师点评 　这幅自然笔记作品表现的是玉兰花。作者使用了彩铅绘制，整个作品看起来很清新。小作者从2月到3月进行了持续性的观察，这是在自然笔记中非常提倡的一种记录方式。从观察记录上看这幅自然笔记还不够准确，根据花期来看更像望春玉兰，根据这幅作品表现又比较接近于二乔玉兰，所以科学上、观察上应该再细致、严谨一些。

扫码看视频

山楂的故事

◆ 沈亭妤

植物类 ◎ 乔木

日期：10月27日 观察地点：小区 天气：晴.

别称：山里果、山里红

简介：山楂树的高度可达6米左右，叶片的形状为三角状卵形，长度大约2-6厘米，宽度大约0.8-2.5厘米左右，叶子边缘处有裂口，上面有不规则的锯齿。它的花期在每年的5-6月份，属于复伞房花序，花朵颜色为白色，在花序梗和花柄上都分布有长柔毛。果期在每年的9-10月份，结出来的果实也就是山楂，比较的小，呈现为球形，直径大约0.8-1.4厘米，外表的颜色为暗红色。

功效：健胃消食，有助于消化.

主治：1.助消化，进食过多肉食后，腹胀不消化。

2.降血脂，抗动脉粥样硬化.

3.对心血管系统有一定的保护作用.

4.抑菌.

史家胡同小学

六、1班

沈亭妤

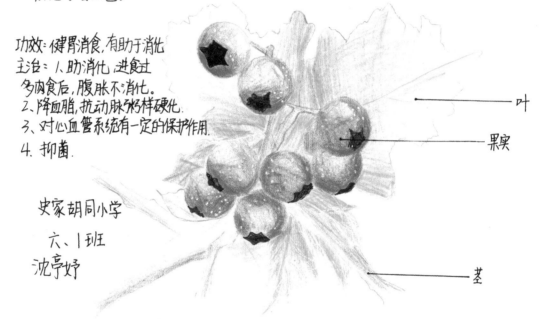

叶
果实
茎

山楂的故事.

关于山楂消食，在《本草纲目》山楂条下，李时珍讲述了他亲身经历的故事：在李时珍家的隔壁住着一户人家，因是晚年得子，故十分宠爱，经常让他食鱼吃肉，饭后又零食不断，终至饮食过度，伤及脾胃而致食积中焦，脾胃纳化失常，胃肠壅滞，脘腹胀满如鼓，疼痛，遍身黄肿，不思饮食。虽多次请李时珍诊治，但用过几次药都不见明显效果，作为当时名医的李时珍也感到棘手。一日，小孩随母来走来返回时，在一座山边的树林中休息、小孩发现一片野果林，见果实红黄而圆，颇为好看，一尝甜而带酸，极合口味，便大吃而饱。回到家里即大吐痰水，并吐出大量秽物，其积食不化之症自此而愈。李时珍颇感奇怪，到林子一看，原来这野果就是山楂，难怪小孩的病痊愈了。

名师点评 这是一幅关于山楂的自然笔记。作品比较符合植物本身的形态特征，但是没有太多小作者自己的观察和理解，用了比较多查阅的资料做介绍。建议小作者多用自身观察、思考的结果对观察对象加以描述。

黄诗雅

枫树观察记录

植物类◎乔木

观察时间：2020年10月5日

观察地点：香山

观察天气：晴

观察植物：枫树

枫叶的颜色：在秋天之前基本上都是绿色，秋天的时候，枫叶会从绿色变成黄色再逐渐变成红色。

枫叶的形状：多数是掌状五裂片，有些变种为三叶

树干的特点：幼年时比较光滑，随着树龄的增长，树的表面就会变得越来越粗糙，枝条呈棕红色和棕色，有小孔，冬季枝条呈黑棕色或灰色。

树冠的特点：随着树龄增长，逐渐散开，呈圆形。

种类：乔木，槭树科

花期：4到5月

果期：9到10月

名师点评　这幅自然笔记记录的是枫叶，作品画面整洁，色彩艳丽，注重美观性。但作品的严谨性和科学性还有待提高，对于枫树的树叶形态观察应更仔细，描绘更准确。

白豌豆种植记

◆ 郭梓祈

植物类 ◎ 藤本

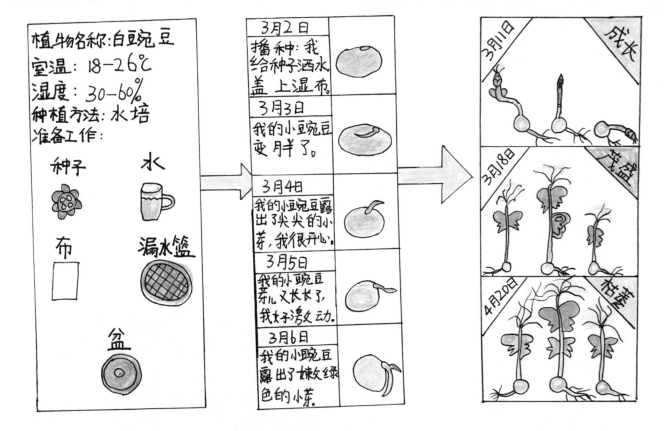

名师点评　这幅自然笔记记录了种植白豌豆的过程。小作者从3月2日开始播种，一直记录到4月20日。因为某种原因，豌豆没有能够开花结实，可以看出小作者如实记录，并没有因为植物死亡而编造结果的画面，体现了自然笔记的真实性。整个画面干净整齐。建议小作者可以对植物的茎叶观察再细致一些，把特征描绘得更准确一些。

于祺萱

植物类 ◎ 藤本

小南瓜成长记

扫码看视频

自然笔记之小南瓜成长记

南瓜: 葫芦科南瓜属的一个种, 南瓜里有胡萝卜素、蛋白质、维生素C、E等, 经常吃排毒、强身、健脾、养胃。我最爱喝南瓜粥, 吃南瓜饼。

成长过程

6月13日和妈妈一起种南瓜

用40-45℃清水浸种2-4个时。

在25~30℃的条件下, 只过了几周时间南瓜籽发芽了。

6月20日 小南瓜发芽了

妈妈说南瓜要爬藤了。只见她在南瓜叶子旁插了几根竹竿, 把南瓜茎牵到一根竹竿上, 当时我很好奇, 妈妈为什么这么做?

6月27日 小南瓜长出了6片叶子

小南瓜长的很快, 我现在明白了爬藤的意思, 南瓜叶子顺着竹竿爬过了我的头顶, 就在差不多10周时我的南瓜开花了, 我太开心了。

8月2日 南瓜开花了

几周不见, 南瓜茎上长出了几个嫩黄嫩黄的圆球, 原来之前看到的鼓包就是南瓜的果实。

9月22日 结出小南瓜

凋落的南瓜花后面长出了小鼓包。

8月31日 凋落的南瓜花

10月5日 果实成熟

今天我看到南瓜颜色已经从嫩黄变成了橙红, 个头也比之前大了很多。

可爱的小南瓜

名师点评　这幅自然笔记作品是南瓜生长的记录。作品最大的特点是进行了持续性的观察, 从 6 月 13 日一直观察到了 10 月 5 日。从种子种植、种子萌发再到生长、开花、结果, 过程完整, 记录翔实, 是一幅非常全面的自然笔记。

蛇瓜观察

◆ 苗瑞然

植物类◎藤本

蛇瓜，以嫩果实为蔬，但嫩叶和嫩茎也可食。其功效：清热化痰，润肺滑肠。

时间：2020年7月25日
地点：黄金寨原生态旅游区
天气：阴（小雨）

在奇妙的大自然里，忽然发现了一个我从来没有见过的植物，它的样子长的像蛇，长长的有点吓人。表面有浅绿色的花纹。经过考察后，我知道它的名字叫蛇瓜。不同熟度的蛇瓜体态各异，相栩如生，稀奇而美观。

蛇瓜花，又称白娘子，是蛇瓜的花。葫芦科栝楼属，一年生攀缘性草本植物。

名师点评　　这是一幅关于蛇瓜的自然笔记，蛇瓜的形态激发了小作者的好奇心，进而对蛇瓜的各部分拍摄了照片，这在自然笔记中也是较常见的表达方式。但作品中细致的观察和描写并不丰富，我们提倡由好奇心而激发更多的观察和思考，这样才会激励小作者们更好地学习。

李茗凤

牵牛花观察

植物类◎藤本

2020年9月19日
早上的时候牵牛花是
开的，下午的时
候是闭合的。牵牛花有好多种颜色,紫色,
粉紫色,蓝色,白色。它的花骨朵儿像冰
淇淋。我觉得它五彩缤纷的。我很喜
欢它。

李茗岚

名师点评　　这是一幅关于牵牛花的自然笔记作品。小作者细心的观察到牵牛花未开放时的状态，这也是旋花科植物的特征之一。小作者的观察还具有一定持续性，记录了一天中牵牛花不同的状态。建议小作者在绘画方面进一步加强，使画面更加准确。

扫码看视频

葎草和五叶地锦

◆ 王乔布

植物类◎藤本

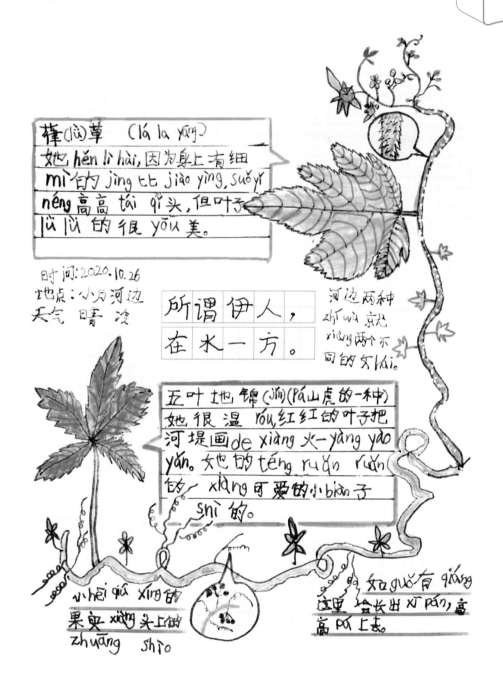

葎(lǜ)草 (lá la yáng)
她 hěn lì hài, 因为身上有细
mì 的 jīng 比 jiào yìng, suǒ yǐ
néng 高高 tái qǐ 头, 但叶子
lǜ lǜ 的很 yōu 美。

时间: 2020.10.26
地点: 小月河边
天气 晴 凉

所谓伊人,
在水一方。

河边两种
所以就
xiàng 两个不
同的 nǚ hái。

五叶地锦(jǐn)(pá 山虎的一种)
她很温 róu, 红红的叶子把
河堤画 de xiàng 火一 yàng yào
yǎn。 她的 téng ruǎn ruǎn
的, xiàng 可爱的小 biàn 子
shì 的。

小 hēi gǔ xíng 的
果实 xiàng 头上做
zhuāng shì。

rú guǒ 有 qiáng
这里 给长出 xǐ pàn, 高
高 pá 上去。

野大豆观察

张雨萱

植物类 ◎ 藤本

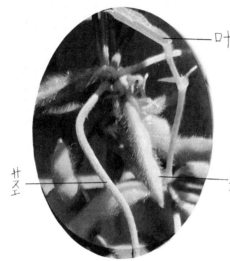

叶子 野大豆属于豆科，与大豆是近缘种，可作家畜饲料或入药。

一年生缠绕草本植物，可长14米，茎小纤细，全身有褐色的硬毛，每年7-8月花，8-10月结果。

茎

果实

从荚果外形看，与大豆相似，但个头较小。

荚果

从种子外形看，野大豆呈椭有圆形，而大豆呈圆形。

种子

名师点评 这位小作者记录的是野大豆，同样运用了对比的方法，对野大豆和大豆进行了比较。但作品对物种的整体性观察和科学描述相对比较欠缺。

南瓜成长日记　◆赵子悠

植物类◎藤本

名师点评　　　这是一幅关于南瓜成长的自然笔记。画面非常美，用画作的形式把南瓜从种子到结果的整个生长过程进行了记录。建议小作者在做持续性的自然笔记时一定要做好时间记录，更贴近真实情况。

◆ 霍天骏

白芸豆小成长

植物类◎藤本

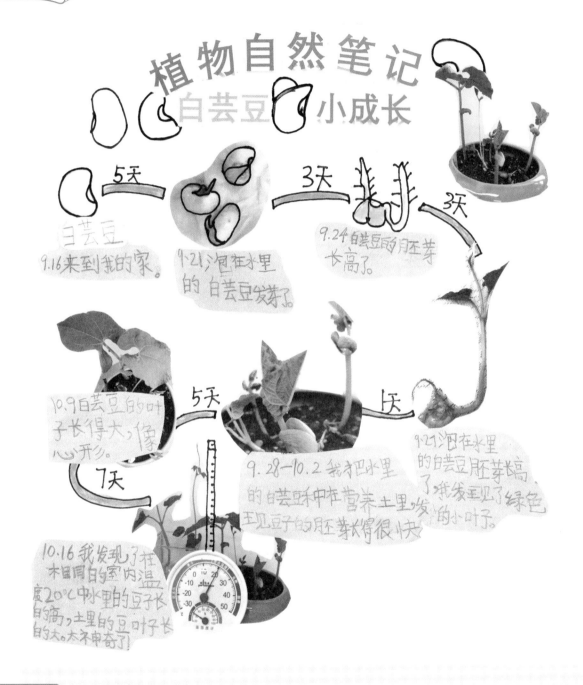

植物自然笔记
白芸豆 小成长

5天
3天

白芸豆
9.16来到我的家。

9.21泡在水里
的白芸豆发芽了

9.24白芸豆的胚芽
长高了。

3天

10.9白芸豆的叶
子长得大，像
心形。

5天

9.28—10.2我把水里
的白芸豆种在营养土里，发
现豆子的胚芽长得很快

1天

9.21泡在水里
的白芸豆胚芽高
了，还发现了绿色
的小叶子。

7天

10.16我发现了在
相同的室内温
度20℃中水里的豆子长
的高，土里的豆叶子长
的大。太神奇了！

名师点评 　　这是一幅关于芸豆种植的自然笔记。作品采用绘画与照片结合的形式，很符合
一年级小朋友的年龄特点。小作者记录了芸豆种植早期阶段，由于某种原因未观察
到开花结果，建议小作者对植物的生长观察要完整，并且在细节记录上更加精准。

绿萝观察

张瑞伊

植物类 ◎ 藤本

观察 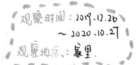绿萝

观察时间：2019.12.26～2020.10.27
观察地点：家里.

将近一年前，3盆可爱的小绿萝来到了我们家里。

当时妈妈想要为家里添一抹绿色，但大家都很忙，所以选择了声称"给点儿水就能活"的绿萝。到现在这3盆绿萝已经枝繁叶茂了。它们新长出来的叶子是嫩绿色的，会慢慢变深、变厚。绿萝的叶子朝上的一面颜色更深、更浅。相对朝上的一面不是叶面更光滑，朝下的一面颜色刚开始我们把2盆绿萝放在了那么光滑，摸起来的触感不太一样。地方。我们都尽量细心地照料阴凉处，将剩下的一盆放在了向阳的不能经常给绿萝浇水。所以我它们也会向奶奶"取经"。奶奶告诉我经过我们的悉心照料，绿萝们都将什么时间浇水也安排得清清楚楚。长长的，有一两米长。变得越发茂盛。它们的"小尾巴"也拖得长长的。

但随着时间的推移，我们不再那么细致入微地照料它们，不过它们发黄的叶子也时刻提醒我们去浇水。我们也发现绿萝"给点儿水就能活"确实名不虚传。

绿萝喜阴

放在阴凉处的绿萝长得很好。可向阳的却开始"面黄肌瘦"，通过上网查资料和询问奶奶，我们了解到绿萝喜阴，于是我们帮它"转移大本营"放到了客厅。经过几天的"休养"，它也重新"容光焕发"。

名师点评　这是一幅关于绿萝的自然笔记。这位小作者记录了他家养了一年的绿萝。从文字中我们可以看出，小作者平时很善于观察和思考，在种植绿萝的过程中发现不同的环境对绿萝的生长有明显的影响，并且通过向家人询问、查阅资料最终解决了问题。建议小作者加强细节观察。

李仲涵

有趣的花萼五兄弟

扫码看视频

植物类◎灌木

时间:6月20日 地点:小区花园 晴 观察人:李仲涵

在小区花园里玩,无意中发现花坛里月季花的花萼有的侧面长出分叉,有的没长分叉,于是我特意观察了其他的花,发现月季花的五瓣花萼中有两瓣两侧长出分叉,两瓣没有分叉,最后一瓣只有一边长出分叉,而且每一朵都是如此。联络老师,老师先表扬了我观察细致,然后告诉我这是月季花的一个特点,除去变异的因素,大多数月季皆是如此。还说如果把月季花的花萼比作五兄弟的话,那就是两个兄弟两边长胡子,两个兄弟没胡子,一个兄弟只长一边胡子。好有趣的比喻,好有趣的五兄弟!

品名:月季

被子植物门、双子叶植物纲、蔷薇目、蔷薇科

名师点评 这是一幅关于月季花的自然笔记。小作者着重观察了月季的花萼,观察得极其细致,并且在观察中发现问题,积极思考。画图富有童趣,建议在观察思考之后可以增加文献学习,使科学性得到提升。

148

金银木观察

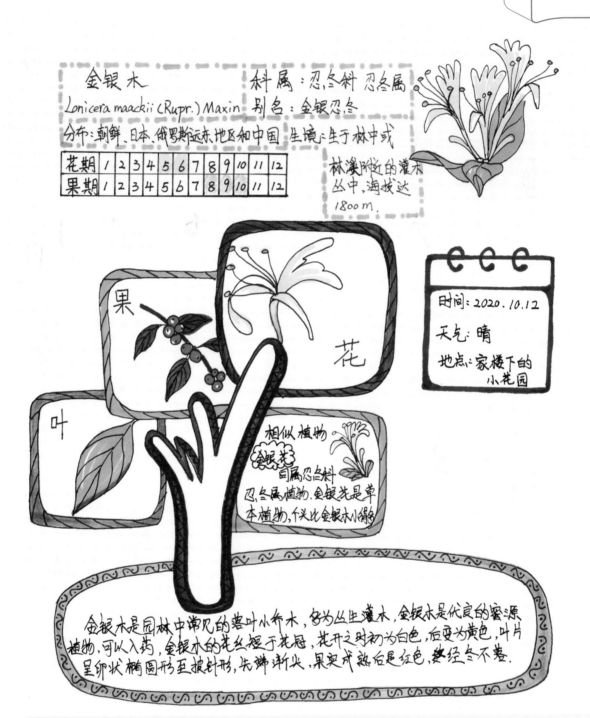

金银木
Lonicera maackii (Rupr.) Maxin

科属：忍冬科 忍冬属
别名：金银忍冬

分布：朝鲜、日本、俄罗斯远东地区和中国　生境：生于林中或

花期	1	2	3	4	5	6	7	8	9	10	11	12
果期	1	2	3	4	5	6	7	8	9	10	11	12

林溪附近的灌木丛中,海拔达1800m.

果

花

叶

时间：2020.10.12
天气：晴
地点：家楼下的小花园

相似植物
金银花
同属忍冬科忍冬属植物,金银花是草本植物,个头比金银木小很多

金银木是园林中常见的落叶小乔木,多为丛生灌木.金银木是优良的蜜源植物,可以入药,金银木的花丝短于花冠,花开之时初为白色,后变为黄色,叶片呈卵状椭圆形至披针形,先端渐尖,果实成熟后是红色,数经冬不落.

名师点评　这是一幅金银木的自然笔记。小作者将金银木与另一种近似植物——金银花做了比较，这点非常可取。但遗憾的是对于两种植物的区别，小作者并没有精准地表述出来。建议小作者增加细微观察，呈现出更好的作品。

菜佑琳

月季

植物类◎灌木

记录人：菜佑琳　日期间：2020.10.18　天气：晴

中文名：月季
外文名：ChineseRose
花期：5月—10月
高度：1—2米

双状复叶,宽卵形或长卵形,先端渐尖,边缘具粗锯齿

刺:皮刺

花枝粗壮,圆柱形

生长环境：
　性喜温暖
日照充足,空气流通

月季果实
→果实里包裹着月季的种子

月季有一种坚韧不屈的精神,花香悠远。原产中国,早在汉代就有栽培,历来文人也留下了不少赞美月季的诗句。唐代著名诗人白居易曾有:"晚鼻开春去后,独秀院中央。"

名师点评　　这是一幅关于月季的自然笔记。这幅自然笔记在时间、天气、植物形态的大方向上具有较高的准确度，整体把握得比较好。但是缺少小作者自己的细微观察，记录中查阅资料的描述过多，建议增加自己的思考。

金银忍冬观察日记 　　张一瀛

植物类 ◎ 灌木

金银忍冬 (学名：Lonicera maackii (Rupr.) Maxim.)

又名金银木，为落叶灌木，高达6米，茎干直径达10厘米；凡幼枝、叶两面脉上、叶柄、苞片外面都被短柔毛。冬芽小，卵圆形。叶纸质。有五枚雄蕊（花药+花丝），两性花；整齐或不整齐，花冠合瓣，唇状或轮生，有时2唇形，萼筒短小；子房下位，雄蕊五枚；花序变化大，多为聚伞状，在年或2花并生。果实时背红色，圆形，直径3-6毫米；种子具细斑纹，微小有四点。花期5-6月，果熟期8-10月。
生于林中或林缘、溪流附近的灌木丛中，海拔达1800米。茎皮可制人造棉。花可提取芳香油。种子榨成的油可制肥皂。分布于朝鲜、日本、俄罗斯远东地区和中国（我的学校前有几棵的~）。

中文名：金银忍冬
门：被子植物门
　　angiospermae
纲：双子叶植物纲
　　dicotyledoneae
亚纲：后生花亚纲
　　Sympetalae
目：茜草目
　　Rubiales.

枝 ——
叶
2020年10月6日
地点：学校
名称：金银忍冬

果

花生奇：生于幼枝叶腋，总花梗硬长1-2毫米，短于叶柄；苞片条形，有时条状匙形或针状倒披针叶状，长3-6毫米；小苞片连合成对，长为萼筒的1/2至几相等，顶端截形；相邻两萼筒分离，约1毫米，无毛或疏生微腺毛；萼檐钟状，为萼筒长的2/3至相等，干膜质，萼齿宽三角形或披针形，不相等，顶尖，裂隙约达萼檐之半，花冠先白色后变黄色，长(1-)2厘米，外被短柔伏毛或无毛唇形，筒长为唇瓣的1/2，内被柔毛，雄蕊与花冠等长约达花冠的2/3，花丝中部以下有毛，花柱有向上的柔毛。

形态特征：
金银忍冬是落叶灌木，高达6米，茎干直径达10厘米；凡幼枝、叶两面脉上、叶柄、苞片、小苞片及萼檐外面都有极短柔毛和微腺毛；冬芽小，卵圆形，有5-6对或更多鳞片。
叶纸质，形状变化较大，通常卵状椭圆形至卵状披针形，稀矩圆状卵形或圆卵形及圆形，长5-8厘米，顶端渐尖或长渐尖，基部宽楔形至圆形，叶柄长2-5(8)毫米。

果实暗红色，圆形，直径5-6毫米；种子具棕色窝状微小凹点，花期5-6月，果熟期8-10月。

主要用途：金银忍冬是园林绿化中最常见的树种之一，花是优良的蜜源，果是鸟的美食，并且全株可药用。茎皮可制人造棉，种子油可制肥皂及作为园林绿化树种。金银忍冬春末夏初繁花满树，黄白间杂，芳香四溢，秋后红果满枝头，晶莹剔透，状若琥珀等且，而且其果期长，经冬不凋，可与瑞雪相辉映，是一种叶、花、果俱美的花木。
是配置园林中庭院、水滨、草坪栽培观赏，其采访乐趣。

　　这是一幅关于金银木的自然笔记。作者对植物整体的绘画、形态描述相对准确。遗憾的是作品中查阅的资料占比过大，缺乏小作者自己的观察记录。

陈怡好

植物类◎灌木

植物观察记录

金银木☺

一对-对生的果实

叶子都是-对对生的,一般长在果实下面

知识窗

中文名:金银忍冬
Amur honeysuckle
忍冬族,忍冬属

→种子 种油可以制作肥皂

分布区域:朝鲜、日本、
俄罗斯远东地区、
中国

爬山虎的果实
像蓝莓我喜欢,
下一个就画它啦!

茎 茎皮可以利造人造棉

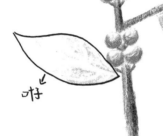

→果实
是鸟的喜爱,挂果期长,
到冬天也不会凋谢哦!

金银木全身都是宝!

红色的茎!

卷须它的尖端有吸盘,是用来吸墙的

→种子
果实(浆果)
也是小鸟的喜爱,里
面有种子,可以
通躲传播

大自然
神奇无比

是一年生、二年生的标志

爬山虎☺

知识窗
中文名:地锦

葡萄科,地锦属

银杏☺

知识窗
中文名:白果
银杏科,银杏属
分布区域:广东南雄、江苏、
广西、四川、河南、山东、
湖北、辽宁……

分布区域:北起我国辽宁,南至广东,黑
龙江、新疆及日本

颗
闻着很臭
但有美容、降血压的作用

名师点评　　这是一幅关于多种植物观察的自然笔记。其中对金银木、爬山虎等植物的描述比
较准确,绘制细致。但对于银杏的描述出现了科学性错误,银杏是裸子植物,我们看
到的"球果"实际上是种子。建议小作者加强资料的查询与阅读。

扫码看视频

◎ 4～6年级组

朱槿观察记录

◆ 张唯笑

植物类◎灌木

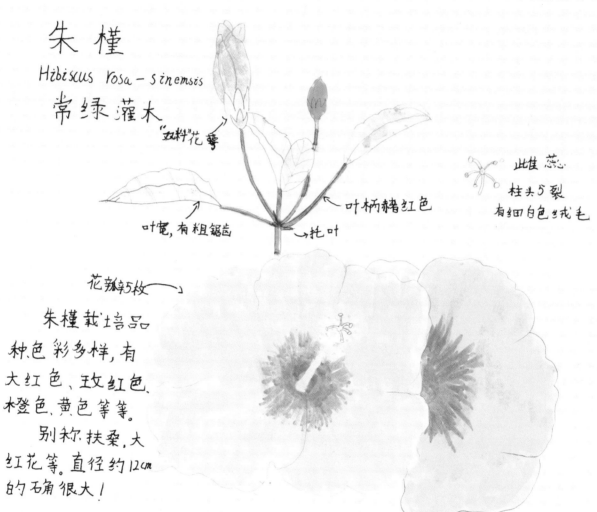

朱 槿
Hibiscus rosa-sinensis
常绿灌木
"五裂"花萼

此雌蕊
柱头5裂
有细白色绒毛

叶柄赭红色
叶宽,有粗锯齿
托叶

花瓣等5枚

朱槿栽培品
种色彩多样,有
大红色、玫红色、
橙色、黄色等等。
别称扶桑,大
红花等。直径约12cm
的确很大!

朱槿是常绿灌木,株高约1～3米;小枝圆柱形,疏被星状柔毛。叶
阔卵形或狭卵形,长4~9厘米,宽2.5厘米,先立端渐尖,基部圆形或楔形,边
缘具粗齿或缺刻,两面除背面沿脉上有少许疏毛外均无毛;叶柄长5—
20毫米,上面长柔毛;托叶线形,长5-12毫米,被毛。

名师点评　这是一幅关于朱槿的自然笔记。花形描绘准确。希望小作者对花的大小以及叶子的着生方式进行更认真细致的观察和记录,并体现观察的时间和地点,避免采用大篇幅查阅的资料。

木槿自然观察记录

木槿,又叫朱槿,属锦葵科,落叶灌木。

这是我们小区里的木槿花,是紫红色的。小枝稍带浅紫色,嫩梢披覆盖线毛,叶子呈楔卵形或卵形,叶缘作锯齿状。

双叶木槿。

早上开放,晚上闭落。花期6月~9月。

花重瓣。

木槿是韩国和马来西亚是两国的国花。花朵可以食用,果实为中药药材。

叶菱状卵形,往往三裂,基部楔形。

1.白花木槿,花单瓣,白色。
2.玫瑰木槿,花单瓣,玫瑰红色。
3.红花木槿,花单瓣,红色。
4.重瓣红色木槿,花重瓣,红色。
5.重瓣淡蓝木槿,浅蓝色。
6.重瓣紫红木槿,花重瓣,紫红色。

7.堇色木槿,花槿紫色。
8.重瓣堇色木槿,花重瓣,紫色。
9.豪华木槿,花重瓣,玫瑰红色。
10.稀有木槿,花白色,中心暗红色斑。

11.双色木槿,白色帽为深红色。

名师点评　　这是一幅关于木槿的自然笔记作品。作品中木槿形态表现准确,但缺少细致的观察和记录,文字部分更多的是来自资料。建议小作者在做自然笔记的过程中以自身的体会和感受为主、查阅的资料整合为辅,观察时的时间、地点、气候等信息也如实、全面地记录。

其他类

黄涵

自然观察记录

扫码看视频

其他类 ◎ 生境

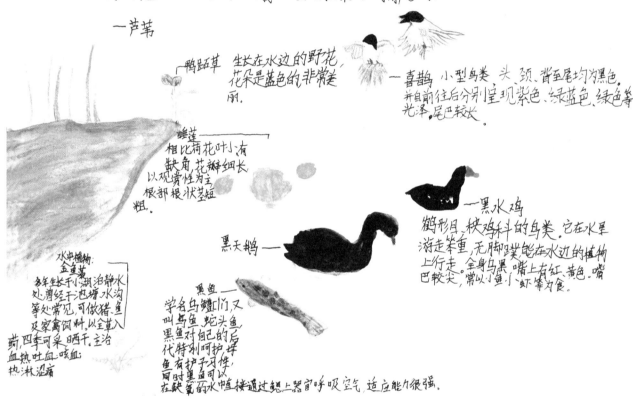

圆明园 湿地观察 2020.9.20 星期日

今天我们到了圆明园里的湿地去观察 看到了很多鸟类、鱼类、植物和昆虫 分别是：黑水鸡 黑天鹅、黑鱼、金鱼藻、睡莲 芦苇……其中我最喜欢鸭跖草 它是一种蓝色的野花，像一只翩翩飞舞的蓝色蝴蝶。这真是一次有趣的观察呀！我以后要更加深入地了解它们。

一芦苇

一鸭跖草 生长在水边的野花，花朵是蓝色的非常美丽.

一喜鹊 小型鸟类、头、颈、背至尾均为黑色，并自前往后分别呈现紫色、绿蓝色、绿色等光泽.尾巴较长.

睡莲 相比荷花叶小有缺角.花瓣细长 以观赏性为主 根部根状茎短粗.

黑天鹅—

一黑水鸡 鹤形目、秧鸡科的鸟类，它在水里游走笨重，无脚蹼能在水边的植物上行走.全身乌黑 嘴上有红、黄色.嘴巴较尖，常以小鱼 小虾等为食.

黑鱼— 学名乌鳢它们又叫乌鱼 蛇头鱼，黑鱼对自己的后代特别呵护 母鱼有护子习性，同时黑鱼可以在缺氧的水中直接通过鳃上器官呼吸空气，适应能力很强.

水中植物：金鱼藻 多年生长于小湖泊静水处、溏经干于泡塘水沟等处常见，可做猪、鱼及家禽饲料.以全草入药.四季可采 晒干.主治血热吐血、咳血、热淋涩痛

名师点评 　这幅自然笔记作品是对湿地生态系统的记录，作品本身能够体现生物和非生物环境之间的关系。小作者在作品中记录了灰喜鹊、黑水鸡、黑天鹅这些在水边常见的鸟类以及黑鱼。描述了沉水植物、挺水植物、浮水植物等植物的细节特征，整体能够体现湿地生态系统的状况。这幅作品是小作者自己观察的结果，所用的一些词语也能够体现出作者的观察。

扫码看视频

小池塘的生物观察

◆ 李皓

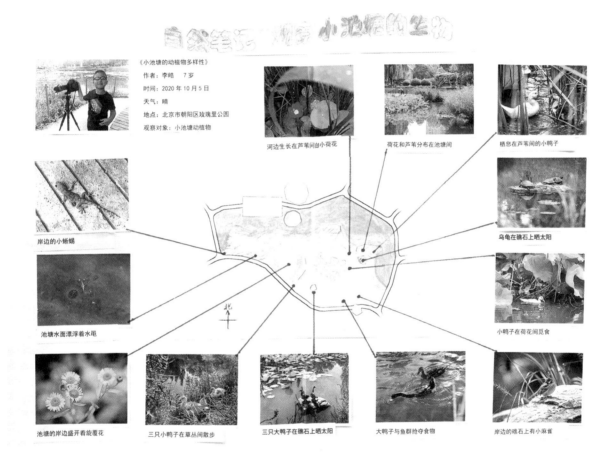

《小池塘的动植物多样性》

作者：李皓　7岁
时间：2020年10月5日
天气：晴
地点：北京市朝阳区玫瑰里公园
观察对象：小池塘动植物

河边生长在芦苇间的小荷花

荷花和芦苇分布在池塘间

栖息在芦苇间的小鸭子

岸边的小蜥蜴

乌龟在礁石上晒太阳

池塘水面漂浮着水黾

小鸭子在荷花间觅食

池塘的岸边盛开着旋覆花

三只小鸭子在草丛间散步

三只大鸭子在礁石上晒太阳

大鸭子与鱼群抢夺食物

岸边的礁石上有小麻雀

名师点评　　这位小作者做的是小池塘的自然观察。内容非常丰富，包含观察到的各种水生植物、水生动物。建议小作者对生物进行更准确的识别与描述。

◆ 王宇泽

动物朋友们

其他类◎生境

2020年7月23日 晴　月亮山

今天，我们到月亮山游玩。刚上山，就在地上看到这么大的一只黑蚂蚁，它的身体黑的发亮，嘴傍两把尖尖的弯刀，也许就是这把弯刀才能更好地把食物切割，然后吃下去吧！蚂蚁的身体分三节，头部、腹部、尾部。长了六条腿，它头上长着两根触角，可以和同伴交流。当我看到它时，它正拖着半个蚂蚁尸体，不知道是要把同伴带走，还要当食物，我非常感叹蚂蚁的"愚公移山"精神。

到了半山腰，路边有动静，当我过去时发现一只像壁虎的动物快速的钻进了草丛里，我们继续往山上走，看是什么，又看到了，这次我小心的靠近，这次我看清楚了，是一只可爱的"山地蜥蜴"它小的好拖着长长的尾巴，圆圆的嘴巴，吐着小小的舌头。我拿爸爸手机给它拍照，它像明星一样配合着我，趴在石头上，吐着舌头太可爱了。

下山的路上，我看到了一个小小的身影，是一只蟾蜍我们都叫它"癞蛤蟆"大人们说"这东西有毒，不能碰！！！"顿时让我觉得它好可怕，恐惧它，进而远离它。其实，它身上的毒液不会轻易释放，只有遇到生命危险时才会用。

大自然有它的生存法则，对每个生命都是平等的，只有我们共同爱护自然，才能做到人与自然的和平共存。

名师点评　这幅作品记录了小作者在爬山的过程中观察到的一些动物。小作者像写作文一样把这些物种进行了记录，但对物种描述的准确度还有待提高。

月亮的变化周期

陈悠然

其他类◎自然现象

和爸爸观察
月亮的变化周期

10.1

10.5

10.10

10.15

10.20

10.25   10.30

名师点评　　这是一位学前小朋友观察月亮变化周期的自然笔记。从满月到新月到残月的全过程体现的很清晰。作为低幼阶段的小朋友来讲，能够持续记录月亮的变化周期，是值得表扬的。

张玥茗

其他类◎自然现象

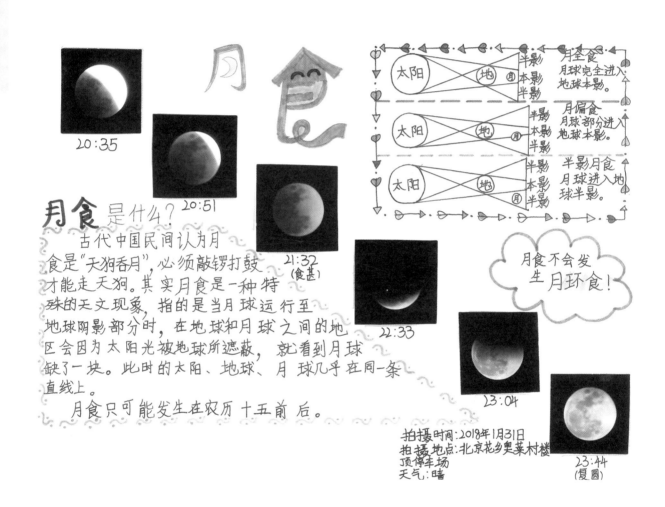

月食

20:35

20:51

21:32
（食甚）

月食 是什么？

　　古代中国民间认为月食是"天狗吞月"，必须敲锣打鼓才能走天狗。其实月食是一种特殊的天文现象，指的是当月球运行至地球阴影部分时，在地球和月球之间的地区会因为太阳光被地球所遮蔽，就看到月球缺了一块。此时的太阳、地球、月球几乎在同一条直线上。

　　月食只可能发生在农历十五前后。

22:33

23:04

月全食
月球完全进入地球本影。

月偏食
月球部分进入地球本影。

半影月食
月球进入地球半影。

太阳 地球 月 半影 本影 半影

月食不会发生月环食！

拍摄时间：2018年1月31日
拍摄地点：北京花乡奥莱村楼顶停车场
天气：晴

23:44
（复圆）

名师点评　　这幅自然笔记作品是关于月食持续的观测记录，在自然笔记作品中是为数不多的类型。小作者对月食从开始一直到复原的整个过程进行了完整的记录，并且用科学的方式来解释月食的形成原因，具有较强的科学性。从画面的整体性上建议小作者将画面处理得更丰富一些，会更出色。

名师自然笔记

我与猛禽有个约会

凤头蜂鹰

说到古都北京，大多数人想到的是中华人民共和国的首都、国际化大都市、历经五个朝代近千年而建成的历史名城。然而，很少有人知道，在这个有着 2 000 多万人口，高楼林立、车水马龙的大城市中，每年有数以万计的猛禽从我们头顶飞过，被称为"盛大的猛禽迁徙季"。

每年春季 3—6 月，秋季 9—11 月，作为一名大自然及鸟类的爱好者，我都会前往北京西部的如百望山、香山、鹫峰、阳台山等一些山顶等候这些"空中霸主"的到来，期待着邂逅这场美妙的约会，因为这是观察大自然的绝佳机会。有人将盛大的鸟类迁徙称为"地球脉动"，而位于东亚地区世界八大鸟类迁徙通道上迁飞的猛禽们正是这条大动脉上重要的组成部分。在这段时间里，总会有大批的猛禽集中出现，各类鹰、隼、鸳、雕、鸢、鹞、鹗、鹫等国家级保护鸟类蜂拥而至，其中不乏珍稀的种类。它们时而盘旋、时而鼓翼、时而俯冲、时而悬停。有的单只过境，有的组团前来，成为北京众多自然爱好者及鸟类爱好者们争相拍摄和观赏的对象！

那么，为什么我们北京会有如此众多的猛禽过境呢？为什么这些猛禽会如约而至，从不爽约呢？北京的猛禽都有哪些具体种类呢？他们迁徙都有哪些规律呢？这些问题只有亲自爬上山顶，耐心等待，细致观察之后，才能得到满意的答案。自 2006 年开始，我几乎每年都会前往西山观测并用相机记录拍摄猛禽迁徙。通过十余年的观测记录，惊喜地发现居然拍摄到 30 余种猛禽，这一数字居然占到了全国猛禽数量的近一半。收获了大量图片的同时，还为了解途经北京迁徙的猛禽留下了宝贵的资料。除此之外，长期对猛禽的观测使我对于它们的形态基本上可以做到如数家珍：比如通过

苍鹰（亚成）

凤头蜂鹰与普通鵟结伴而行

苍鹰

日本松雀鹰

雀鹰

灰脸鵟鹰

凤头蜂鹰、普通鵟、红隼结伴而行

阿穆尔隼（雌）

燕隼

红隼

游隼

猎隼　阿穆尔隼（雄）

飞行过程中体型的大小、体色、是否有翼指、尾部形状、喉中线甚至是飞行姿势迅速辨识出它是何种种类以及它的雌、雄和不同生长阶段。这是一个十分美妙的过程，就好像从一个陌生人最终成为挚友一样，你不但认识了它，而且还让你时常牵肠挂肚。

由此我联想到了近年来由首都绿化委员会办公室主办，北京野生动物保护协会、北京市野生动物救护中心、北京市园林绿化宣传中心等单位协办的"自然笔记"活动。活动在全市引起强烈反响，各区绿化办、各园艺驿站积极参加，并收获了大量精美作品。以西城区为例，共有14家园艺驿站参与，共组织"自然笔记"活动49场，完成"自然笔记"作品1 048幅。内容包括植物、动物、昆虫、鸟类等。然而令人稍感遗憾的是，这1 000余幅作品中，来自真正的野外、"纯自然"的作品并不太多。多数记录的还是家中或是公园中人工饲养或是栽植的动植物。

其实所谓"自然笔记"，最重要的应当是记录真实而纯粹的大自然。任何大自然中的实物或者

大鵟

与飞机同框的普通鵟

普通鵟

白尾鹞

乌雕

蛇雕

金雕

白腹鹞

黑耳鸢

名师自然笔记

现象都可以被记录，形式可以多种多样，文字、绘画、摄影、摄像、录音、叶拓等均可。作者除认真观察自然中的事物以外，还需要对它们有自己独特的感悟。通过对大自然细致观察、翔实记录、准确描绘、科学引述，养成严谨、踏实、认真的科学精神。通过完成作品为孩子们开启自然之门！

为他们更好地发现自然、观察自然、认知自然、享受自然，从而更好地保护自然，做到人与自然和谐共处奠定良好的基础！

通过这篇短短的自然笔记，我想告诉孩子们：要完成好一篇自然笔记作品，首先要深入到大自然当中去，要认知并熟悉身边的动植物，要充分了解它们的生活习性及自然规律。只有这样，我们才能适时出击，记录到更多、更珍稀的"目标物种"，记录到大自然更多精彩的瞬间，才能创作出高质量的"自然笔记"佳作！

松鼠 - 松塔

这是一个小小的，却是松果上最靠身体的地方

在公园或深山林里果看到这些"啃嚼"后，最好的图景就是那只偷吃的松鼠。这些图的是只来吃饭的松鼠啃嚼的状物。

肉刺(通常颜色较深，呈褐色雄斑)

鳞片外侧

我跟踪这只松鼠很长时间，它不停也只找到寻觅，找到调查的松果然果剥的松叶的种子，九则个小树种的松松吃不下，松鼠们也会讯速剥嚼，因为松果和松子很丢弃。好像学着飞鸟(这上半包都吃很不同)。当它吃清松的吃晴到这里想的椭枝上，也后一个。地棚色将跑，皮去松子来吃了那

松
鼠 and 松塔

这里的松果图(这是直接对画所描)但是这个很的小松试着书我很累的八个小果也会八秒钟。毕竟还有的是丢剥不了。有松软的松叶带会从从高上试找中等的松叶叶。这里一个人吃的放下。那么在的松松全里开始吃了

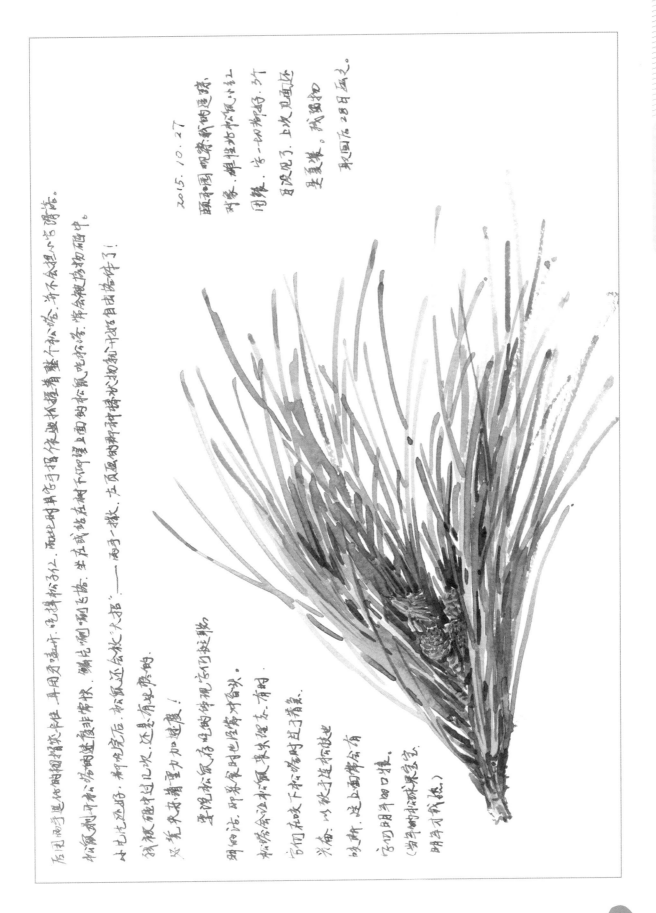

2015.10.27

1.23.25

1. 又叫一嘴返至回巢 早晨又回窝 很异常
   低下身子 补补窝搭 mate了 不由各渊送
   石堆返巢 对了干窝 则石堆对石窝的再搭 1R
   搭了干 又撕入水下了
   9身引拍张姿

2. 又似以水面后 嘴里要衔水下 又从干身了
   此时 又没身很怕的 "go go go!" 手 招 d音 招至
   以冠是全白白肉 1身都以白羽色围涂掉 非看头小 身相怀东
   这个状态持续了差不多5分钟

3. 又游至以身吹拜身 到右/跟石上 宅东多姿

文中 Pt 指鹈鹕

(10:00 到石与此见29次交配)

整个过程持续3时. 补冠数一直记到天业. 则身继入水中侧泥丁柄.
则房雕入水中来复干身.
梅蒲两条开到图形沿岸

每采一直各侧毕业   另一至羽侧. 2:40不至到2时引身半

2:40   另一对侧身   又房侧相白米身半

2:42 (又双中半)   例 D户邻平白松名 [右又山7 2:44 回身

3:08 于迎掌侧毕业

3:48 | 只翌鸟石身半

回身白各回身身 掌引身入内5   4:0 9身入身

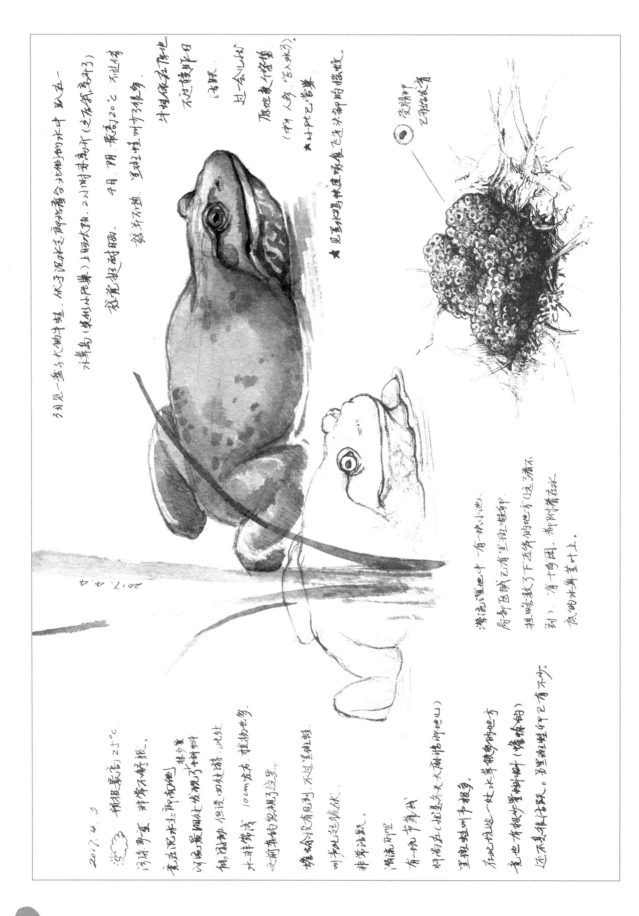

如何区分蔷薇"三姐妹"

孙英宝

蔷薇　　　　　　　　　玫瑰　　　　　　　　　月季

　　蔷薇三姐妹是蔷薇属里面的三个种类：蔷薇（*Rosa multiflora*）、玫瑰（*Rosa rugosa*）和月季（现代月季，*Rosa hybrida*）。在很多的公园和道路绿化中经常看到它们的身影，大家对它们的认知也主要是通过在生活中的实际应用而获得。但是，在看到这三种植物之后，名称方面很容易混淆不清，经常会分辨不出这"三姐妹"。其实，对蔷薇、玫瑰和月季在生活中的应用，是根据它们的不同生长特点和生活习性来选择种植。例如在园林景观的美化设计中，经常会用到蔷薇和月季；在居住的小区绿化景观设计中也经常用到蔷薇和月季；大面积种植并用在食品和精油提炼中的，则是玫瑰；在很多花店，切花经常使用的"玫瑰"其实是月季的新品种，名为"现代月季"。说到这里，已经有很多人惊讶和蒙圈儿了，有的已经混淆不清。接下来，我们可以通过蔷薇"三姐妹"不同生长结构（茎、叶、花、果实和种子）进行详细研究与分析，还是可以进行分辨的。

1. 蔷薇"三姐妹"的茎

玫瑰的茎：直立生长，比较粗壮，丛生，深褐色；新生的小枝密被生长着绒毛、针刺和腺毛，还生长有直立或弯曲、淡黄色的皮刺，皮刺的外面被有绒毛。

蔷薇的茎：攀援生长，圆柱形，深绿色，无毛，有短而稍弯曲的皮刺。

月季的茎：直立或者攀援生长，深绿色或棕红色。小枝粗壮，圆柱形，近无毛，有短粗的钩状皮刺。

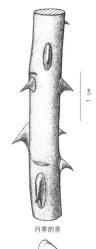

1 cm

| 玫瑰的茎 | 蔷薇的茎 | 月季的茎 |

| 玫瑰的刺：
直立硬皮刺 | 蔷薇的刺：
三角形皮刺 | 月季的刺：三
角形钩状皮刺 |

皮刺的概念

　　由植物体的表皮或者皮层所形成的尖锐凸起部位。皮刺的基部与茎没有维管组织相连接，很容易剥落掉，所留下的剥落面较平坦，如蔷薇科植物茎上生长的很多皮刺。皮刺的存在是为了保护植物体本身不受到昆虫和其他动物的伤害。也有的皮刺还辅助植物体的延长生长而进行攀爬助力，如悬钩子茎上的钩状刺。绘画的时候，仔细观察各种刺的不同大小与形态，用简洁而流畅的线条，绘画出刺的尖锐。

2. 蔷薇"三姐妹"的叶

蔷薇、玫瑰和月季的叶都是奇数羽状复叶。

叶尖部
叶缘
叶脉
叶基部
叶肉
小叶柄
托叶

2 厘米

月季的叶片

月季小叶正面

月季小叶背面

月季叶的整体形态：小叶 3 ～ 5 枚，稀 7 枚，连同叶柄长度 5 ～ 11 厘米。

小叶：长度 2.5 ～ 6 厘米，宽度 1 ～ 3 厘米，宽卵形至卵状长圆形；正面深绿色，主脉红色，侧脉浅绿色，微凹；背面浅绿色，主脉、侧脉与网脉浅红色，凸起，主脉偶有钩状小皮刺。

叶尖：先端长渐尖或渐尖。

叶缘：有单个或偶重锐锯齿，尖部红色。

叶基部：近圆形或宽楔形。小叶柄红色或红绿色，有钩状小皮刺或腺状毛。

托叶：形状大部分贴生在叶柄上，离生部分狭长三角形耳状，边缘常有短腺毛。

小叶柄：浅红色或绿色，有小皮刺。

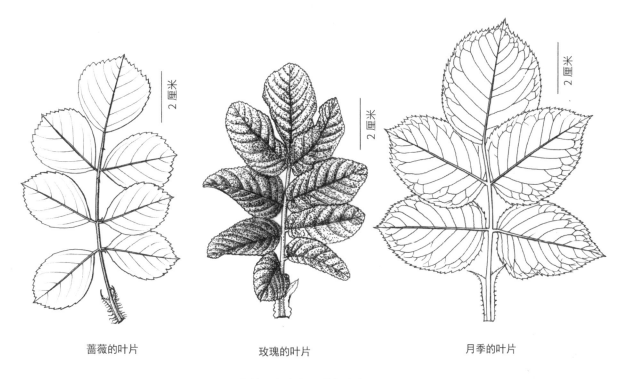

蔷薇的叶片　　　　　玫瑰的叶片　　　　　月季的叶片

蔷薇、玫瑰和月季的叶片

蔷薇叶的整体形态：小叶 5～9 枚，接近花序的小叶有时 3 枚，连同叶柄的长度为 5～10 厘米。

　　叶尖：先端急尖或圆钝。

　　叶缘：单个或混有重三角状尖锐锯齿，基部往上逐渐由小变大。

　　叶基：基部近圆形或楔形。

　　小叶片：长 1.5～5 厘米，宽 8～28 毫米，倒卵形、长圆形或卵形，正面深绿色，叶脉淡绿色，微凹；背面浅绿色，叶脉淡绿色，微凸。

　　托叶的形状：大部分贴生在叶柄上，篦齿状，边缘有腺状的锯齿，下面被有绒毛。

　　小叶柄：草绿或红绿色，有钩状小皮刺。

玫瑰叶的整体形态：小叶片 5～9 枚，连叶柄的总共长度有 5～13 厘米。

　　叶尖：先端急尖或者圆钝。

　　叶缘：单个或二重复锯齿。

　　叶基：基部圆形。

　　小叶柄：淡绿色，有绒毛。

　　小叶片：长 1.5～4.5 厘米，宽 1～2.5 厘米，椭圆形或椭圆状倒卵形；正面草绿色，粗糙并有稀疏短柔毛，叶脉淡绿色，凹陷；背面浅绿色，有密集短柔毛，叶脉淡绿色，凸起。

　　托叶的形状：大部分贴生在叶柄上，离生部分呈卵形，上部边缘有小锯齿；深紫褐色加绿色。

3. 蔷薇"三姐妹"的花

认识一朵花要从花梗、花托、花萼、花冠〔花瓣；雄蕊（花丝、花药、花粉）；雌蕊（心皮、花柱、柱头）几方面区分〕。

蔷薇花的整体特征：很多，排成圆锥状花序。

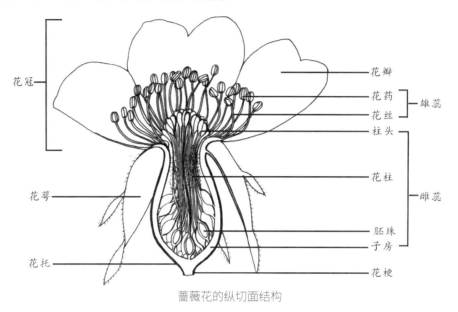

花冠

花萼

花托

花瓣

花药 ┐
花丝 ┘ 雄蕊

柱头

花柱

胚珠
子房

花梗

雌蕊

蔷薇花的纵切面结构

花柱：结合成束，无毛，比雄蕊稍长。

花期：每年的 5—6 月。

花大小（花径）：花直径 1.5～2 厘米。

萼片：披针形，有时中部具 2 个线形裂片，外面无毛，内有柔毛。

花瓣：花瓣白色，宽倒卵形，先端微凹，基部楔形。

花梗：花梗长度 1.5～2.5 厘米，无毛或者有腺毛，有时基部有篦齿状小苞片。

月季花的整体特征：单朵顶生。

花大小（花径）：直径 4～5 厘米。

花瓣：花瓣重瓣至半重瓣，红色、粉红色至白色，倒卵形，先端有凹缺，基部楔形。

花柱：花柱离生，伸出萼筒口外，与雄蕊近等长。

花期：4—9 月。

萼片：萼片卵形，先端尾状渐尖，有时呈叶状，边缘常有羽状裂片，稀全缘，外面无毛，内密被有长柔毛。

花梗：花梗长度 2.5～6 厘米，近无毛或有腺毛。

玫瑰花的整体特征: 单生在叶腋部位, 或几簇生在一起, 苞片卵形, 边缘有腺状毛, 外面被有绒毛。

花大小（花径）: 花的直径是 4～5.5 厘米。

花瓣: 花瓣倒卵形, 重瓣至半重瓣, 具有芳香味道, 紫红色、红色、粉色到白色。

萼片: 萼片呈卵状披针形, 先端尾状渐尖, 经常会由羽状裂片而扩展成叶状, 上面有稀疏的柔毛, 下面密被有柔毛和腺毛。

花柱: 花柱离生, 被有毛, 稍微伸出萼筒的口外面, 比雄蕊短很多。

花期: 每年的 5—6 月。

花梗: 花梗的长度有 5～25 毫米, 密被有绒毛和腺毛。

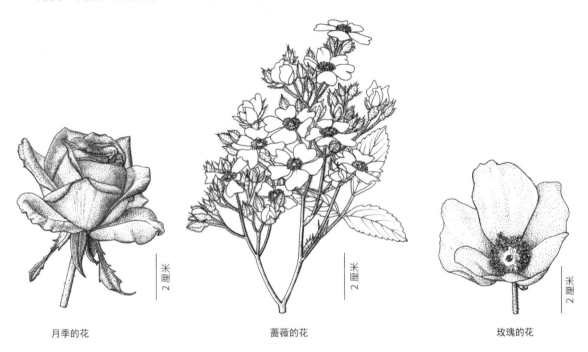

月季的花　　　　　　　蔷薇的花　　　　　　　玫瑰的花

月季、蔷薇和玫瑰的花

花的传粉知识

　　植物的传粉分为异花传粉和自花传粉两种, 蔷薇属于异花授粉。

　　自花传粉的植物必须拥有两性花, 而且具备自花授粉的机制, 雄蕊与雌蕊必须同时成熟的时候, 花粉落在柱头上不会排斥, 可以进行自身授粉, 也称为自交, 但具有两性花的植物不一定都是自花传粉。自花授粉的植物在自然界中并不多。闭花受精是典型的自花授粉, 常见的植物有小麦、大豆、豆角、水稻、豌豆等, 在花还没有张开, 花粉就已经在花粉囊里面萌发, 花粉管穿过花粉囊壁伸向柱头之后, 就完成了授粉, 这称为闭花传粉或闭花受精。如豌豆蝶形花冠中的花瓣始终紧紧地包裹着雄蕊和雌蕊。自花授粉的植物在遗传性上的差别较小, 有很多栽培植物在经过长期的自花授粉之后, 卵细胞和精细胞由于产生于相同的条件之下, 遗传的异质性差异较小, 所产生的后代生存能力较弱或衰退, 这对植物本身拥有一定的伤害。

　　异花授粉的植物是异株、异花或者不同的无性系之间的授粉。有的花同时具有雌蕊和雄蕊,为了避免自花授粉，其中有一个器官必须先发育成熟，而另一个器官则后发育成熟。但也有的花雄蕊和雌蕊器官同时成熟，但自身拥有排斥自花授粉的机制，不接受自己的花粉。也有的植物雌雄蕊不生长在同一朵花里面或不在同一株植物上，这样就避免了自花授粉，但它们必须借助相关的媒介进行授粉。常见的有风媒授粉，即借风力把花粉进行传播；虫媒授粉，是植物与昆虫协同进化的结果，利用颜色、香气和蜜汁吸引昆虫，把花粉进行传播授粉。常见的异花授粉植物有很多，如瓜类、玉米、荞麦、苹果、油菜等。异花授粉可以产生杂种优势，所产生的后代适应能力很强。

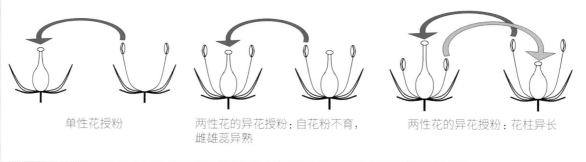

单性花授粉   两性花的异花授粉：自花粉不育，   两性花的异花授粉：花柱异长
                  雌雄蕊异熟

4. 蔷薇"三姐妹"的果实与种子

月季、蔷薇和玫瑰的果实统一称为"蔷薇果"。果实是花在经过授粉受精发育之后，由花托、子房、花萼发育而成的器官，这也是植物有性繁殖的结果。

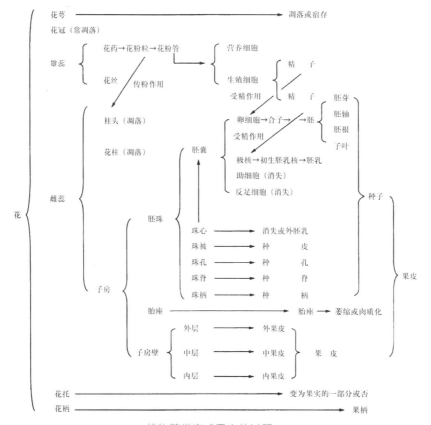

植物花发育成果实的过程

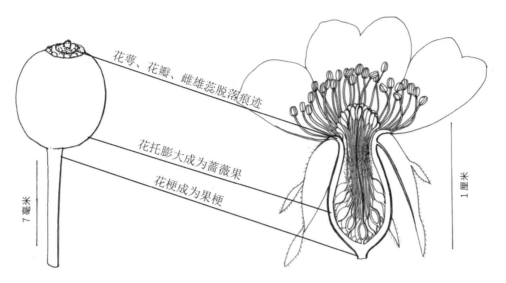

花萼、花瓣、雌雄蕊脱落痕迹

花托膨大成为蔷薇果

花梗成为果梗

7毫米

1厘米

蔷薇果实的形成对照图

月季的果实：卵球形或梨形，长1～2厘米，红色，萼片脱落。果期6—11月。种子：多数，卵圆形，顶部有绒毛。

蔷薇的果实：近球形，直径6～8毫米，红褐色或紫褐色，有光泽，无毛，萼片脱落。果期7—8月。种子：多数，卵圆形，顶部带有绒毛。

玫瑰的果实：扁球形，直径2～2.5厘米，砖红色，肉质，平滑，萼片宿存。果期8—9月。种子：有很多，卵圆形，顶部带有绒毛。

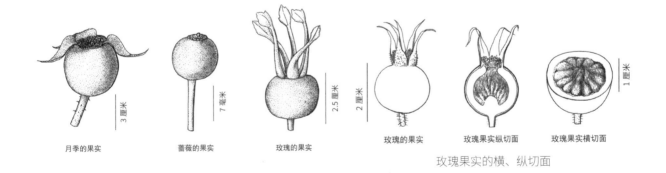

3厘米

月季的果实

7毫米

蔷薇的果实

2.5厘米

玫瑰的果实

2厘米

玫瑰的果实

玫瑰果实纵切面

1厘米

玫瑰果实横切面

玫瑰果实的横、纵切面

蔷薇三姐妹的应用

"玫瑰"在中西方之间的认知、应用与文化方面有一定的差异。玫瑰（*Rosa rugosa*）是特产中国北部、朝鲜、日本及俄罗斯等地，西方国家没有玫瑰这个种，把蔷薇和月季统称为 Rose。所以，古代的西方人没见过汉语中所说的"玫瑰"。中国人也不明白西方眼中所说的"Rose"具体是哪种植物，但是为了学习西方人的浪漫，也为了更好地用于商业用途，就把月季的不同颜色和种类的杂交种，作为西方象征浪漫爱情的"Rose"。

生活中的应用

西方的玫瑰：寓意着爱（Love）和美丽，会赠送给情人和最亲的人；在生活中，是人使用的很重要的香水，在西餐中，喷在食材上食用，去掉不好味道的同时增加了食欲；作为花束、花篮和桌花进行氛围的装饰。

中国的玫瑰：通常用于制作精油、食用和玫瑰食品等。1 300 多年前，山东济南平阴县就开始人工栽植玫瑰。平阴玫瑰花大色艳、香气浓郁，出油率高、品质优良，被誉为"世界玫瑰之花魁"。中国平阴玫瑰的丰花系列等几个品种一年多次开花。所栽培的种类有苦水玫瑰、平阴玫瑰、大马士革系列玫瑰、百叶玫瑰（法国品种）等十余个品种。大规模生产栽培的仅有 7 ～ 8 个品种。云南用玫瑰的花瓣制作著名的小吃"玫瑰饼"；有很多地方把玫瑰的花瓣与水、糖、盐和柠檬汁放在一起，制作成美味的玫瑰酱；有很多地方把玫瑰的花蕾做成了玫瑰茶；也有的地方把玫瑰作为药材。玫瑰花中含有 300 多种化学成分，如芳香的醇、醛、脂肪酸、酚和含香精的油和脂，常食玫瑰制品可以舒肝醒胃、美容养颜，令人神爽。

文化中的应用

西方：西方把玫瑰花当作严守秘密的象征，做客时看到主人家桌子上方画有玫瑰，就明白在这桌上所谈的一切均不可外传，于是有了 Sub rosa（"在玫瑰花底下"）这个拉丁成语。古代德国的宴会厅、会议室以及酒店餐厅，天花板上常画有或刻有玫瑰花，用来提醒与会者守口如瓶，严守秘密，不要把玫瑰花下的言行透露出去。这是起源于罗马神话中的荷鲁斯（Horus）撞见美女——爱的女神"维纳斯"偷情的情事，她儿子丘比特为了帮自己的母亲保有名节，于是给了他一朵玫瑰，请他守口如瓶，荷鲁斯收了玫瑰于是缄默不语，成为"沉默之神"，这就是"under the rose"为守口如瓶的由来。

中国：玫瑰则因其枝茎带刺，被认为是刺客、侠客的象征。情人节特定的传情植物"玫瑰"是名为"现代月季"的杂交种。

中医文化：《食用本草》中记载："玫瑰花，主利肺脾，益肝胆，辟邪恶之气，食之芳香甘美，令人神爽。"《本草正文》中记载："玫瑰花，清而不浊，和而不猛，柔肝醒胃，疏气活血，宣通窒滞而绝无辛温刚燥之弊，断推气分药之中，最有捷效而最驯良，芳香诸品，殆无其匹。"《本草纲目拾遗》中记载："玫瑰花和血行血、理气，治风痹、噤口痢、乳痈、肿毒初起、肝胃气痛。"

白秋沙鸭

◆ 徐亮

　　白秋沙鸭又称斑头秋沙鸭，是我国秋沙鸭当中体型最小的一种。雄鸟黑白灰三种羽色的搭配显得清雅别致，特别是黑色的眼罩部分，神似我们的国宝大熊猫。白秋沙鸭在北京春秋冬三个季节都可以观察到。在很多大面积的水域中，常常结成小群活动，素雅的羽色、活泼的行为、优雅的姿态，使得它们成为水面上一道亮丽的风景线。

初春的雀鹰

我们在北京植物园观鸟期间正值冬春交替之际（1月底），高大的杨树已布满花芽，近处还有些法国梧桐果实宿存于枝头，一派生机盎然。

忽见远处一猛禽，由远及近而来。通常我们看到的猛禽都处于空中飞行的状态，对于学生观鸟，猛禽近距离观察比较难得。不曾想它落于较近的杨树枝头，距树顶1～2米的位置。它炯炯有神地四处张望，仿佛在寻找下一个狩猎目标。冬季的视野非常好，去除树叶的影响，不论是猛禽的视野还是我们的视野都减少了大量的遮挡物。仔细观察，它体型相较于其他猛禽并不大，胸腹部底色为白色，密布着褐色的细横纹，喉部有些许细纹，可以确定它就是北京较为常见的雀鹰了。钩状而锋利的喙和爪显示着它的凶猛。猛禽通常腿较短，但很强壮。雀鹰在北京四季都可以被看到，即便在城区也比较常见，西边的山区更为常见。

即便立于枝头，它也动作灵活，不断地借助树冠的空间伸展着尾羽、梳理着羽毛。可以看到展开的尾羽呈黑白相间颜色分段，羽端为白色，向后相继出现黑色、白色斑块。

也许我们的观察使它感到了一丝不安，也许它已经发现了猎物，准备起飞了。在起飞前，它先上扬尾羽，再下压尾羽，最后双脚用力，腾空而起，身姿矫健。在飞行姿态时，我们可以看到雀鹰胸腹部横纹延伸到了翅，其飞羽的斑纹与胸腹及翅部细密的横纹有较大的差别。之前看到的头部、背部的灰褐色并未在腹面出现，腹面主体颜色是浅色调。翅端的翼指明显，我们注视它矫健的身姿，直至消失在视野中，希望它捕食顺利，安全越冬。

聂采文

金凤蝶

　　金凤蝶（*Papilio machaon*）是一种广泛分布在欧亚大陆的蝴蝶，这种黄色的凤蝶有着众多亚种，在北方尤其常见。如果居住的地方有农田，那么种植胡萝卜及茴香的田地往往是找到它们的最佳场所；这些色彩鲜明的蝴蝶幼虫以伞形科植物为食，它们啃咬叶片、嫩茎、花芽等柔软多汁的部位。城市环境中这些作物或许不易遇到，所幸也不缺乏它们喜爱的天然寄主：同为伞形科的水芹（*Oenanthe javanica*）。在北京的湿地环境——无论是池塘、河岸或是潮湿的洼地，水芹都不难遇到；这种伴水而生的植物有着羽状分裂的叶片及典型的白色复伞形花序，直观上看就像是瘦弱的小芹菜。只要在这样的植物上仔细寻找，金凤蝶的幼虫便不难被发现。与常见到的柑橘凤蝶及玉带凤蝶的幼虫不同，金凤蝶的幼虫有着黄绿色明亮的身体及密集的黑黄斑点，这些斑点隐约连成横向的虚线，使得幼虫看起来有环纹一般，这也有助于它们隐匿在光影斑驳的植物之中。

　　雌性金凤蝶会把圆而光滑的卵产在寄主植物的叶片或花芽的背面，5 天左右小幼虫就能破壳而出。和其他蝴蝶幼虫一样，新生的小幼虫会把卵壳作为虫生的第一餐，不浪费一点营养。定色后的小幼虫呈黑白配色，看起来就像一小块鸟屎或是其他污物，这能帮助它们躲过捕食者的目光；而在 3 龄之后，金凤蝶的幼虫就会转变为那种标志性的花斑配色了。幼虫的任务就是不停地吃，尽可能快地长大。这样的一条肥美蠕虫显然是众多食虫鸟眼中的珍馐，不过金凤蝶幼虫有着凤蝶家族独到的御敌手段：如果你伸手碰触幼虫的身体，它们便会立刻抬起头部，并从头后部翻出一个明黄色分叉的形腺体，同时通过腺体散发出浓郁的特殊味道。这个味道难以形容，比较像是腐烂橘皮，总之是很让人不悦的气味；显然，食虫鸟们也对这样的味道提不起兴致。

　　如果一切顺利，金凤蝶的幼虫自孵化后 20 天内就能成熟并准备化蛹。老熟幼虫会离开寄主，爬上附近的灌木枝干。幼虫首先在枝干上吐丝做出丝垫，便于用臀足稳稳地固定在这里；之后还会吐丝制作一个状如绳套的结构，并钻过绳套把自己栓柱。一切就绪后，幼虫的各足松开枝干，仅剩臀部与之接触固定，前端则由"绳套"缢住身体，进入预蛹状态。这个阶段的幼虫身体收缩，比之前要小不少，大约一天之后蜕去幼虫的外皮就转变成蛹了。在夏季，蛹仅需要不到 10 天的时间就能羽化成蝶，而如果是深秋时节，则要滞育过冬挨到春天才能发育。金凤蝶的成虫非常漂亮，明黄色的底色上有着显著的黑褐色斑纹，在后翅边缘还有偏蓝的区域及一个鲜明的红斑。这样的配色在国产凤蝶中易于识别，只有柑橘凤蝶可能与之混淆，我们可以通过前翅基部的斑来区分：金凤蝶前翅基部有整块的黑褐色区域，而柑橘凤蝶在这个位置则是数条纵向条纹。

生活在北京的一些蝴蝶种类：
①朴喙蝶 ②明窗蛱蝶 ③小红珠绢蝶
④丝带凤蝶 ⑤绿带翠凤蝶 ⑥金凤蝶
⑦考艳灰蝶 ⑧柑橘凤蝶 ⑨双带弄蝶
⑩大紫蛱蝶 ⑪黄钩蛱蝶 ⑫云粉蝶

在我们生活的城市中其实从不缺乏蝴蝶的身影。即使在城市化程度很高的北京也有着超过 200 种蝴蝶生活，其中也不乏华美、大型的物种。多加观察，就能发现这些美丽的空中花朵，就出没在我们熟悉的身边。

北京生态礼物

自然观察笔记系列